神奇物理學

從重力到電流，
日常中的科學現象原來是這麼回事！

直通腦洞的知識
都來了！

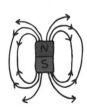

PHANTASTISCH PHYSIKALISCH

Marcus Weber **Judith Weber**
馬庫斯·韋伯　　茱蒂絲·韋伯————著　許景理————譯

齊祖康 東吳大學物理學系助理教授　專業審訂

目錄

引言 要怎麼撲滅 烤鮭魚引發的火焰

我們辦公室牆上掛了一張寫著：「我所知的物理是：東西會掉下來、觸電時會尖叫！」的明信片，這話寫得沒錯。物理會讓我們很緊張，所以有時候不想再和它扯上關係。以我們在烤肉派對上烤鮭魚為例。溫暖的夏日傍晚，我們和朋友在庭院裡打開第一瓶啤酒，烤架上撒有香料的鮭魚散發著美味香氣，我們先是碰杯，然後有人大叫：「烤爐冒火了！」馬庫斯第一個想到的是：「水！」還是他想到的其實是立刻把啤酒倒下去？

幸好派對主人比在場唯一的物理學家更了解燒烤物理學，他們攔住馬庫斯，用長烤肉夾搶救下烤架上的鮭魚。隨著火焰熄滅，他們對物理學家想用水滅掉油脂引發的火焰的反應大笑，因為那樣會讓火焰變成一團更巨大的火球。水（或啤酒）接觸到熾熱的烤架會立刻蒸發成帶著無數小脂肪球的

蒸氣，這些脂肪會瞬間破裂燃燒，顯著增加脂肪的燃燒面積。感謝物理！

　　在某些時候，物理讓我們的生活變困難。不管我們是否接受，物理無所不在。我們騎自行車時總是遇到逆風、眼鏡會起霧、還有網路會卡住。

　　不過我們現在遇到明信片上沒有提、但真實存在的那個「但是」：在每起愚蠢事故和每個令人不安的效應背後，都有一個美麗優雅的物理原理，這是能幫助我們從另一個角度來過日子的自然法則。所以接著看看物理讓我們生活困難之處，找出原因，然後試著扭轉局面。有了正確的技巧後，物理對我們會是有用的。我們利用物理效應，回家路上的逆風感覺就像清新的微風，刺激大腦表現達到新的高峰。我們一起看下去吧！祝你閱讀愉快。

CHAPTER 1

自行車道上的超人

【風阻】

為什麼我們總是逆風而行？要如何克服呢？

旅遊手冊中的自行車行程總是看起來很輕鬆：容光煥發的旅客騎著自行車穿梭在夢幻般的景色裡，陽光閃耀、綠草茵茵，頭髮隨著微風吹拂優雅飛揚。但我們度假時拍的照片卻是另一種場面：我們握著前彎的車把向前踩踏板，臉色漲紅、T 恤亂飄。

我們的相本裡滿是這種照片。那時我們騎自行車在古巴遊歷了四個星期，當時古巴領導人卡斯楚（Fidel Castro）還在世，我們也還沒有孩子，是個完美的出遊時機。我們在德國法蘭克福機場（Frankfurt Airport）將自行車當成特殊行李托運，晚上在古巴哈瓦那（Havanna）取得它們，開始騎乘。在這四個星期中，我們遭遇許多挑戰，絕大多數也都找到解決方案：

- 無法隨處買到食物嗎？路邊就有香蕉，而且自行車上多放一整棵香蕉樹騎起來也費不了多少力氣。
- 不能露營嗎？總是能找到好人提供沙發讓你借宿，只要天亮前離開就好，這樣警察就不會發現。
- 說英語不太管用嗎？把法文當成西班牙文講，盡可能在字裡添加並強調「o」的音調，效果會非常好。

現在只剩下一個問題：**逆風**。無論沿著海岸、在內陸或穿越山脈；向東、向西、或向北，我們都在逆風前行。沒關係，只要改變路線就可以，有太多風景可以看了。但某天我們在一條碎石路上奮戰幾個小時，卻景色都沒看到，整晚只有一個話題：沒一直逆風而行就不能騎自行車嗎？當然可以，打敗惱人的逆風是有可能的，甚至可以利用它！

隔天，我們立刻開始一個小實驗：從現在開始，我們特別注意早上騎自行車前的風向，看看或許不是逆風，或至少風勢小一點。但我們是沿著海岸騎行，風通常從海上吹過來，所以這些觀察對我們不太有用。

不過這天幾乎整天沒風。大海像玻璃一樣平滑，路邊的小草動都沒動。太棒了，終於有一天沒逆風了！我們充滿動

力出發,然後實際感受到逆風,而且風勢一點也不小。這其實是合邏輯的,當我們向前騎行時,本來就會有風朝我們吹過來。我們向著空氣騎車,可以說是穿過空氣。但令我們驚訝的是,逆風感會這麼強。

旅程結束後,我們一回到家就把自行車丟到角落,投身對逆風現象的研究中(如果想打敗對手,盡可能多了解對方總是有好處的)。不久之後,我們得到一個令人沮喪的認知:問題出在我們自己身上。我們踩踏板的成效,大部分是用來對抗身體產生的空氣阻力,這部分的耗能可能高達 90%,視姿勢和速度而定,所以我們其實是花費大部分精力來解決自己製造的問題。物理真令人沮喪!

空氣比你感覺的還重

但我們必須面對現實,這重量一點用也沒有:通常我們不會真的感覺到周遭的空氣,雖然它的確存在。不過當空氣壓在我們身上時,也是很重的。1 立方公尺的空氣重達 1.2公斤!當這團空氣不停移動,我們的行動會看起來像老人般

遲緩。如果我們站在草地上一動也不動,就成了周遭空氣的阻礙:我們擋在風要通過的路上。

假設風速為時速 20 公里,這時空氣撞擊到一個正常身材成人身上的量,約為每秒 7 公斤。每秒!如果我們身材更高大,那麼撞擊我們的空氣就更多。在相同的風速下,每秒會有 50 噸的空氣流過大型風力發電機葉片所覆蓋的區域。這個巨大風量可以很清楚的說明風力發電機能產生那麼多電力的原因。

就算完全沒有風,但因為,我們也會感覺到。對於以時速 20 公里騎自行車的正常身材成年人來說,承受的阻力約 10 牛頓,這力量可以提起 1 公斤的物體,例如提著 1 公升的牛奶。這裡指的是用一根細繩和一個滑輪拉起牛奶盒,而不是放在自行車的籃子裡。在沒有風的情況下,我們想將擋在前方的空氣推開,就得使出這麼多力量。

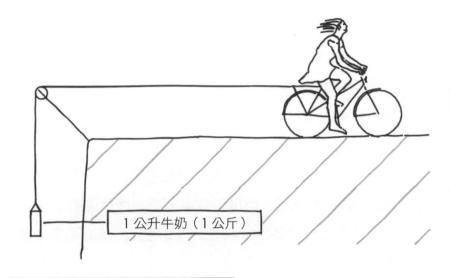

1公升牛奶（1公斤）

空氣讓我們前後腹背受敵

後面遇到困難是因為我們的身體根本就不是流線型。騎自行車時，你的身體是不規則形，雖然聽起來怪怪的，但的確如此。這樣的體態會讓空氣形成渦流，這些漩渦鬆動後，會讓你身後形成一個小小的負壓。

前面是為你正在把自己推過空氣，所以會面臨更大的壓力。這種壓力梯度會將你拉倒，至少就數學上來看是這樣。所以就算是騎自行車時本來正常會迎面而來的風，也會感覺像是逆風。

現在真的起風了，即使你正停下來休息，也能感覺到（也

就是水手所謂的「真風」[1]）。逆風和真風兩者在一起會產生相對風[2]。這是我們騎在自行車上感受到的風，我們必須與之對抗。如果我以時速 20 公里向前騎，同時有時速 20 公里的真風迎面吹來，那麼相對風速就是時速 40 公里。這種風速已經是氣象學家口中的「強風」，會吹翻雨傘，也會讓粗壯的樹枝搖擺不定。

讀到這裡，會讓我們覺得自己像個真英雄，可以說每天都頂著官方認證的強風騎自行車。當我們回想起流動阻力在物理學上的卑劣特性，就覺得自己更加勇猛：我們走得愈快，阻力就會呈倍數增加。空氣阻力很討厭，它是流速的 2 次方。如果我的車速增加到兩倍，阻力就會變成四倍；車速增加到三倍，阻力就會變成九倍；車速增加到四倍，阻力就會變成十六倍。

實際上，這意味著如果我在無風的情況下，以時速 20 公里騎行，就得施加 10 牛頓的力量。現在起風了，迎面吹來時

1　譯註：True Wind，人靜止不動時的風速。
2　作者註：Relative Wind，水手也稱為「視風」（Apparent Wind）。

速 20 公里的風,這時我面臨的是時速 40 公里的相對風,在這相對風增加一倍(無風狀態下的相對風只有時速 20 公里)的狀況下,我要出的力量不是加倍,而是四倍,即 40 牛頓,也就是我必須拉起四個 1 公升的牛奶盒。那麼最好是穿越古巴來運送一棵香蕉樹……

終於順風了!

經過這次發人省思的研究後,我們知道就戰勝逆風的計畫而言,我們尚沒有太大的突破。而意外的是,我們獲得了一場小小的勝利。那是去年夏天,我們從魯爾區騎自行車到北海(Nordsee),抵達「達格比爾」(Dagebüll)的港口,前往夢想之島阿姆魯姆島(Amrum)的渡輪會從這裡出航。我們向北行駛了 550 公里,不斷吹來的西南風把我們推到了目的地。風勢太大了,導致我們在「都莫爾湖」(Dümmer See)休憩時不能衝浪,因為根本無法站上浪板。都是逆風的關係!

騎自行車,不會感覺像是順風,但可以感受到踏板踩起

來比較輕鬆，還有路程推進得比較快。這還有一個物理原因：如果身後吹來時速 20 公里的風，我也用時速 20 公里騎行，那麼我根本感覺不到風。只有輪胎滾動時受到的阻力才能減慢我們的速度。

而順風騎下坡路才是刺激。在北海之旅中，我們宣布展開時速 40 公里的挑戰，每天都試圖至少找到一條既是順風又下坡的路。

遺憾的是，要是你現在正跨上自行車要從地下室騎出來往北出發，我們替你準備了一個會讓人幻想破滅的數字：要想達到時速 40 公里，必須得要有大量的順風。大多數時間，德國的風速與騎行速度相比慢太多了，不會增加流動助力。我們以漢諾威（Hannover）為例，因為它偏德國中部的地理位置非常好：這裡的平均風速是每秒 3 公尺，即時速 12.6 公里。為了真正體驗這樣的順風做為助推器，你必須以低於時速 12.6 公里騎行。結果就是你要很久才能抵達海邊。

風也是一種非常在地化的事件，北部比南部多風，這也是我們自行車之旅以失敗告終的原因。在旅程末段，還有 45 公里路程時，在載著行李的情況下，我們的膝蓋報廢了；有輛租來的自行車座墊不舒服；再加上還有趕渡輪的時間壓力，

然後這時風向變了，我們之前幾乎感覺不到順風，現在則是
有風朝我們的臉狂吹。我們在展開旅程之前讀到「逆風把自
行車騎士的力量當早餐吃掉」，現實果然如此。我們踩著踏
板、我們咒罵、我們費力前行。我們在一家小吃店前停下來，
喝了杯加糖的可可飲，然後繼續踩踏板、咒罵、費力前行。

我們聽起來很悲哀嗎？大概有一點吧！讓我們用數字來
證明自己遭受的苦難吧！那天北海的風很大，風力 7 級，逆
風的時速是 56 公里。此外，我們騎行的速度不再那麼快了，
不過偶爾能達到時速 10 公里，這時相對風速會是時速 66 公
里，阻力大約相當於 100 牛頓。另一方面，起步時就像前文
所述，是以細繩拉起 10 公斤的物體，或是騎上坡度 10% 的
山路，這其實並不輕鬆，尤其是這條山路長達 45 公里的時
候。就算知道環法自行車賽的專業自行車手，在傳奇賽段「阿
爾卑斯杜艾」（Alpe d'Huez）必須應付高達 15% 的坡度，
對我們來說也無濟於事。

如果我們不是坐在一般自行車上，而是靠在躺椅上，那
會更輕鬆一點。只是因為你提供較少的受力面積，就節省了
很多能量。但是你也可以將這優點發揮到極致，在空氣動力
學的基礎上，把躺臥的姿勢調整到最佳狀態。最好的方法是

完全隱身，讓自己看起來就像是融為一體的香菸和濾嘴，這種流線型可以大大降低流動阻力。對這方面進行優化的斜躺式自行車在相同風速下，遭遇的阻力只會有一般自行車的十分之一（更別說我們前後都載有行李）。斜躺式自行車可以讓我們在使出相同力量的情況下，車速超過時速 140 公里。但我們不想坐在或躺在那種自行車上，那種自行車為了速度的紀錄，已經優化到極致。它的外層非常完整，甚至沒有窗戶，只能透過螢幕才能看到前方道路（這些模型車不太可能合法上路）。

　　我們的緊急解決方案是將身體壓低到車把下，至少減少一點空氣阻力。我們還短暫試過「滑流」（Slipstream），在環法自行車賽上總是可以看到這種騎法。在前後自行車手靠得非常近的狀況下，前面的人必須消耗大量能量，後面的就跟隨前方的滑流。問題在於必須要靠得非常近，才能獲得滑流的幫助，還要小心發生追撞。此外，這個概念不包括遇到紅綠燈、左右轉的十字路口和開車。所以我們一路奮戰，希望至少風是從側面而非正面吹來。

該死的側風

　　前文提到我們希望至少風是從側面而非正面吹來，這可說是我們許過的最蠢願望。側風煩人的程度至少跟逆風有得比，甚至還更超過！事實上，有人認為側風只會令人覺得很煩，但不會讓騎士更費力，只是可能必須有點靠在側風上，這不算什麼。令人遺憾的是，事實並非如此！原因是前文所述的討厭規則，也就是阻力是流速的 2 次方（所以如果我用兩倍的速度前進，阻力就會增為四倍）。不幸的是，側風的速度也列入計算，導致我們實際上會受到更大的阻力，不得不更賣力踩踏板（詳細算法參見頁 31）。

　　我們當然不想不戰而退，尤其家中還有絕對的專家。塞巴斯提安·韋伯（Sebastian Weber，作者茱蒂絲的兄弟和馬庫斯的姊夫）曾經在環法自行車賽和在夏威夷舉辦的世界鐵人三項錦標賽（Ironman World Championship）中，訓練過鐵人三項運動員和自行車選手，並且開發了獨有的數

據分析,來進行運動能力診斷和訓練計畫。[3]

塞巴斯提安向我們介紹了一種特殊輪框,不只能改變氣流,甚至還能讓側風成為推動你前進的動力,但這只會發生在非常特定的風攻角,而且能出的力也很小。除此之外,車輪與空氣阻力的牽連並不大,做為騎士的我們才與空氣阻力大大有關係。

美國職業自行車選手格雷格‧萊蒙德(Greg LeMond)憑藉依照空氣動力學改裝的自行車,獲得了最驚人的成果:1989 年,他以特別流線型的自行車手把贏得環法自行車賽冠軍。當時根本沒出現過騎士幾乎可以趴在上面的手把,或是往後腦勺方向逐漸變窄的安全帽。在整個賽程期間,萊蒙德與法國選手洛朗‧菲農(Laurent Fignon)激烈纏鬥,不斷交替占據領先地位,差距從未超過 1 分鐘。

然後到了最後一個賽段,那是在巴黎香榭麗舍大道(Avenue des Champs-Élysées)上的個人計時賽。當萊蒙德替自行車安裝好鐵人三項自行車的手把進行這場比賽

3　https://inscyd.com/

時，總成績已經落後菲農 50 秒。藉著這種手把，他的上半身可以往前彎得很前面，就流體動力學來說，這樣的位置很有利，而且他還戴了一頂水滴型安全帽。最後，萊蒙德的速度不僅反超菲農，甚至還以 8 秒的時間差獲勝。他的勝利是環法自行車賽史上與第二名時間差最少的一次。

體驗自行車落坐位置對流動阻力影響程度的最佳方式，是去騎下坡路。最老練的自行車騎士會坐在手把與坐墊間的橫桿上，讓脖子靠近手把，把身體彎成看起來不太舒服的一團，但這樣阻力會很小。[4] 不過，有些位置現在被禁止落坐，因為受傷的風險很高。

如果你想用更快的速度下坡，並在不費力的狀況下超越用力踩踏板的對手，你得這麼做：如下圖以下腹部撐在座墊上，頭朝前，身體趴下呈完全水平狀。這樣能再次明顯降低空氣阻力，研究出該姿勢的人將其命名為「Superman」（超人）。

4　*Journal of Wind Engineering and Industrial Aerodynamics*, Volume 181, October 2018, 27–45.

　　這種姿勢在自行車比賽中是禁止使用的，也不適合騎自行車遊覽的行程。遺憾的是，經過大量的研究、計算、和騎自行車，我們還是沒能成功完全克服逆風。但我們可以在一、二個地方勝過逆風，至少比以前更聰明，能給討厭逆風的人以下提醒：

- 緊身衣可以減少空氣摩擦。除此以外，帶有襯墊的自行車褲對屁股的傷害較小。
- 不要再苦苦糾結於逆風，反而是計算當你騎行的時速加快或減慢 2 公里時，流動阻力會如何變化。
- 聰明的計畫旅程：如果可能，先完成困難的路段（一定會逆風或上坡的路段），如果在旅程尾聲精疲力竭時才

經歷這種路程，情況只會變得更糟。順風到達目的地的感覺會更好。

- 覺得自己像個英雄：你不僅接受了自行車在物理學上對你不利的部分，也明白原因，而且無論如何，你還是繼續前行。

破壞日常生活的係數	● ● ○ ○ ○
提高工作效率的係數	● ● ○ ○ ○
致災潛力	● ● ● ● ●

給聰明的屁股——側風有時候來自前面！

想像一下，你正騎著自行車以時速 20 公里在街上奔馳。無風時，風阻為 10 牛頓（見前文）。現在正好吹來時速 20 公里的側風。

逆風和側風要如何加起來變相對風？

當風來自側面，逆風和側風不再呈一直線，所以相對風速不再是簡單將兩者相加的結果，必須利用一個最可能永遠記住的公式，也就是畢氏定理（Pythagorean Theorem）：

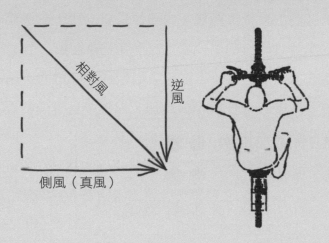

相對風

逆風

側風（真風）

$a^2 + b^2 = c^2$。因為逆風（a）和側風（b）成直角，所以我們可以利用這個公式來計算，得到相對風速（c），算法為 $20^2 + 20^2 = 800$，800 開根號後得到的平方根約 28，即為相對風時速約 28 公里。這個速度比逆風強一點，但也比從正面吹來的風要弱一點，實際上的風速約逆風的 1.4 倍。

現在風對我們施加哪種力量？

用以下的公式來計算風阻：$F = \frac{1}{2} \times c_w \times A \times \rho \times v_r^2$。$c_w$ 代表汽車愛好者熟知的連續波（Continuous Wave）數值，反映了車子的流線外型。A 代表風所攻擊的區域，也就是包括騎士在內的自行車區域，如果你是看向騎士的正面，就是正好從風吹往騎士的方向看。ρ 代表空氣密度，計算時也必須包括在內，因為像是山區等空氣較稀薄的地方，阻力也會比較小。最後的 v_r 代表相對風速，很重要且麻煩的是我們要用的是它的平方值。以下為我們的假設值：$c_w = 1.0$、A = 0.55、$\rho = 1.2$（公斤／立方公尺）、$v_r = 28$（公里／小時）= 7.8（公尺／秒）；計算後會得出風阻為 20 牛頓。

我現在想踩下踏板有多費力？

計算出的風阻會作用在相對風的方向，也就是往斜後方。為了釐清它導致我們的前進動力減慢多少，需要將力量拆解為向側面（側風）和向後面（逆風）。不能直接將兩個力量相加，那樣算出來會是迎面逆風直行的風阻。我們把力量如前文頁 31 圖中的三角形那樣拆分，從前文的計算結果得知，實際增加的風阻約逆風的 1.4 倍，所以風阻為 14 牛頓。

計算後獲得的結論是：雖然側風本身不是來自前方，但它使逆向的流動阻力從 10 牛頓增加到 14 牛頓。真的很討厭！

CHAPTER

2 在外太空烤麵包

【溫度】

要怎麼阻止太空梭爆炸？爲什麼彈性體喜歡溫暖？

　　想像一下，你是一名站在十字路口的警察，有一輛車停下來向你問路，司機問該右轉還左轉？你知道那個地方，也知道正確的路是右轉，因為左邊有個懸崖，要是左轉車子會掉下去，司機就會沒命，所以你當然是跟司機說右轉。你甚至可能拿出手機調出地圖，告訴司機要是左轉會出事。對方看起來很生氣，還辱罵你，然後就起步左轉了，而你只能眼睜睜看著車子掉入懸崖。

　　羅傑‧寶華佐利（Roger Boisjoly）是一名工程師，但不是警察的他卻經歷了非常類似的事件，永遠改變了他的人生。故事始於 1985 年寶華佐利受雇主要求查驗的一對橡膠圈，當時他任職於替美國太空總署（NASA）製造固體燃料火箭等的摩頓泰爾克公司（Morton Thiokol, Inc.）。

　　這些火箭也稱為助推器，裡面是充滿不同物質的混合物（包括過氯酸銨〔Ammonium Perchlorate〕、鋁和氧化鐵），替 NASA 將要發射到外太空的太空梭提供主要動力。當燃料耗盡時，助推器會從太空梭上脫離，太空梭繼續飛行，而做為助推器的火箭筒會墜入海中，之後被回收檢查。

　　寶華佐利曾經前往美國佛羅里達州進行這類調查。現在，他拿著太空梭「發現號」（Discovery）助推器上的橡膠圈，如他後來向英國《衛報》（*The Guardian*）所述的那樣，「幾乎心臟病發。」因為橡膠圈不再是明亮的蜂蜜色，也不再富有彈性，而是暗沉變色，布滿傷痕，彷彿是被咬斷一樣。

　　經驗豐富的工程師很清楚問題在哪：橡膠圈做為密封環本來應該要阻隔的熱氣體一直作用在這個地方。寶華佐利對於「發現號」沒有墜毀感到很驚訝，因為橡膠圈已經被衝擊的這麼嚴重。

　　現在你可能會問：「太空梭又不是玻璃密封罐，它需要橡膠環做什麼？」其實太空梭與玻璃密封罐有一定相似之處，兩者都需要密封環來確保各部位的零件緊密連接。

　　我們以德國知名玻璃密封罐品牌 Weck 的產品來解釋，這款密封罐需要用金屬扣夾來將玻璃蓋固定在玻璃罐上，密

封前得先替玻璃蓋套一個寬扁的橡膠圈，然後再蓋到玻璃罐上，如果沒有先套上這個做為密封環的橡膠圈，那麼會因為蓋子和瓶子都很硬，導致兩者無法密合而晃動。

火箭助推器也是這樣。它是由四個部件組成，製造商會預先兩兩組裝好，然後 NASA 的工程技術人員會在現場將預先組裝好的兩個部件連接起來，並固定在一起。連接這些部件的是密封圈，即使部件有稍微變形，密封圈也能確保部件之間沒有出現間隙。這些密封圈看起來像個 O，環繞著整個火箭，它們也因為這樣被稱為 O 形環。兩個火箭部件之間是用兩個重疊的 O 形環密封固定的，但是在「發現號」上，情況卻不是這樣。

寶華佐利立刻向 NASA 報告他的發現，當然也通知了自己任職的摩頓泰爾克公司，然後他開始尋找造成橡膠圈損壞的原因。有沒有可能橡膠圈是扭曲狀的？這不太可能，在產品檢測時，橡膠圈被扭曲後就會馬上回復原狀。

原因可能是什麼呢？寶華佐利和同事進行了一個相當簡單的實驗。他們把一個橡膠圈放在兩個金屬板之間，然後輕輕擠壓再放開，觀察橡膠圈與兩個金屬板是否保持接觸。

只要溫度暖和（工程師在攝氏 37.7 度〔華氏 100 度〕

的溫度下進行實驗），橡膠圈毫不費力就可以回復與金屬板接觸的狀態。但是橡膠圈所處的環境愈冷，回彈的速度就會愈慢。在攝氏23.8度〔華氏75度〕的環境下，橡膠圈要花2.4秒才能觸及金屬板。

就使用橡膠圈的目的來說，這個時間長到令人難以置信，實在太久了。橡膠圈只要1/5秒沒有接觸到金屬板，就會出現大問題。最後，工程師們在攝氏10度〔華氏50度〕的環境下進行測試。寶華佐利回憶道：「10分鐘之後我們停止測試。」

他和同事發現了問題所在：「發現號」起飛時，戶外溫度為攝氏11.6度。橡膠圈會因為溫度低而變硬。第一個橡膠圈被擠壓後沒有回彈，灼熱的燃燒氣體流穿過它，這就是航太界所謂的「漏氣」（blowby）。幸運的是，第二層的橡膠圈阻止了氣體流出，避免了一場災難的發生。

為什麼夏季輪胎會在霜中變硬？

你可以在家中輕鬆複製前述工程師進行的實驗，將一般橡皮筋套在直尺兩端，然後放進冰箱。你從冰箱取出後，從

尺上拆下的橡皮筋需要很久才會縮回原本的大小，因為橡皮筋是彈性體（elastomer）。

彈性體是一種特別具有彈性的塑膠，跟所有塑膠一樣，都是由糾結在一起的分子鏈組成，可以將其想像成一個裝滿煮熟的義大利麵的盤子（在我們另一本著作《物理學就是當它爆炸的時候》〔 *Physik ist, wenn's knallt* 〕中，對此有詳盡的描述，包含你可以自己動手做哪些實驗）。

不過彈性體與義大利麵條不同的地方在於，前者的分子鏈有許多點會相互連接，這是故意的，因為橡膠被拉緊後，這是回復原本形狀的唯一方法。為了達成這個目的，例如天然橡膠會與硫混合，在長鏈分子之間形成連接橋梁。

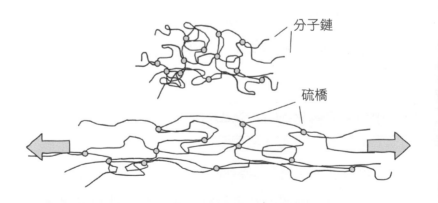

分子鏈

硫橋

　　所以橡膠變形後，會回彈成原本的樣子，目的達成。但如果彈性體變形後，想回復成原本的狀態，分子鏈必須要是柔韌的，而這種韌性取決於溫度。當天氣非常寒冷時，彈性體中的長鏈分子會比較沒有韌性，需要較長的時間才能回復原狀。

　　彈性體的另一個特性使這個問題加劇。當彈性體變形時（也就是被兩個火箭助推器部件擠壓在中間時），它們會向環境釋放熱量；但當它們被再度放鬆時，必須要從環境中吸收熱量。如果環境很冷，無法提供足夠的熱量供彈性體使用，它們就會大大減緩放鬆的速度，甚至是停止放鬆。

　　根據彈性體的組成成分，溫度變化對其影響也有所不同。例如，汽車所用的夏季輪胎在酷寒的氣溫下會變硬，而且可能抓地力會不再足夠。但是製作冬季輪胎的橡膠成分與夏季輪胎所用的不同，所以冬季輪胎即使在較低的氣溫下，依然保有韌性。

　　塑膠為了能應用在太空之旅上，必須特別能做到兩件事：承受大量的熱量和快速伸展。因為橡膠圈是被用在固體燃料火箭的兩個部件之間，用來確保沒有任何間隙，以免炙熱的燃燒氣體逸出，所以橡膠圈和火箭部件之間必須始終保持

緊密接觸。基於以上原因，火箭橡膠環所用的塑料是氟橡膠（Fluorine Rubber, FKM），由含有氟的長碳鏈組成。氟會形成非常穩定的化合物，所以具有熱穩定的特性。但這種彈性體不是為了低溫所設計，在低溫的狀況下，它們很快就會失去彈性。

我們可能會以為現在已經知道危險、已經避免危險，裝配這些橡膠環的太空梭只要在更高的溫度下發射就好了，這點在佛羅里達州根本不是問題。寶華佐利通知了公司的主管，並且認為這件事已經解決。但是 NASA 已經在計畫下個任務：6 個月後，將要發射另一架太空梭「挑戰者號」（Challenger），前往太空部署一顆通訊衛星。那個時間點落在 1 月，並不是最溫暖的月分。

寶華佐利想阻止這次的發射任務，但同樣也有人想強制執行這個任務。寶華佐利注意到，在他第一次示警後，幾乎沒有任何事情發生。如果你去網路上查找他後來在多所大學舉辦的講座[1]，會發現事件發生很久後，對他的影響仍然非常

1　如果你想觀賞這些講座內容，可在網路上用關鍵字「Unethical Decisions – The Causes of the Space Shuttle Challenger Disaster」和「Roger Boisjoly」進行搜尋。

大。寶華佐利是個高大、健壯的男人,善於計算且擁有大量數據。這位工程師一生都在根據事實做出決定,也因此承擔了責任。

人類的生命和大筆金錢都投注在太空任務上,現在臨近「挑戰者號」發射的時間點,卻沒有人對寶華佐利提出的數據有所反應!他簡直不敢相信。

最後,他在 1985 年 7 月下旬,寫了一份備忘錄給公司經理,預言這會是「一場災難」。他寫道:「這是我發自內心且非常真實的恐懼,如果我們不立刻採取行動,就會有失去這架太空梭的風險,不僅會有災難發生,還會有人因此喪命。」

終於有些行動運轉起來了,先是成立了一個工作小組,就算成員只有 5 名工程師。根據寶華佐利的說法,管理階層並未提供任何支持。當然後續的調查結果也沒有改變:在低溫下,橡膠環的確會因為太硬而失去彈性。

「挑戰者號」原定於 1986 年 1 月 27 日發射,那天位於佛羅里達州的甘迺迪太空中心(Kennedy Space Center)發布的溫度是 0 度以下。0 度以下! NASA 從來沒有在這麼酷寒的天氣下發射過火箭。寶華佐利和他的工程師同事們知

道自己手上的數據，他們知道接下來會發生什麼事：發射臺上會發生巨大爆炸。

如果因為火箭中出現極高的壓力或是不可預見的振動，導致部件之間出小間隙，那麼擠壓在兩個緊密相間部件之中的橡膠環，不管在任何情況下，都要能保有彈性。但在低於0度的溫度下，彈性體不再是彈性體，而且無法封填間隙。因為低溫，導致其失去回彈所需的能量。還有另一個問題，塑料的分子鏈通常只有在夠暖和的情況下，才能變形。只有這樣它們才能來回移動一點點，而非停留在本來凍結的位置。

如果你將塑料冷卻，[2] 最終會到達玻璃化的溫度，在這個溫度下，塑料不再是液體或具有韌性，而是像玻璃一樣堅硬易碎。高於這個溫度，塑料至少是軟的，低於這個溫度則不是，這就是為什麼玻璃化溫度也稱為軟化溫度。

我們曾經以一根橡膠管重現這個現象，先用液態氮將其冷卻到攝氏 -196 度，再用槌子敲打，橡膠管隨即破成無數碎塊。一般人家裡可能沒有液態氮，但我們幸運地發現一個大

2　這適用於不完全結晶的塑料。

家都可以做的類似實驗，只要你有一袋吐司就行了。

我們是一家六口，一袋吐司沒多久就吃完了，所以總是會多買一點冷凍起來。吐司買來時已經用塑膠袋裝著，我們也懶得拆裝到耐凍的袋子裡，便直接放進冷凍庫。這麼做對吐司沒什麼影響，但塑膠袋就不是這樣了。當溫度降至零下時，塑膠袋會破掉，你可以輕輕鬆鬆就弄破它。

我們家的冷凍櫃放在洗衣間，當你一手將裝滿衣物的洗衣籃穩穩夾在腰側時，另一手可以從冷凍庫抓出整袋吐司。要是你只抓到塑膠袋的前半部，大概前三、四片吐司的位置，那麼後面會整個往下掉，然後你就會聽到吐司落地的聲音。

如果我們看過德國知名烘焙公司「黃金吐司」（Golden Toast）官網上的警告，就應該知道會發生這種事。那個頁面上有著令人食指大動的吐司照片，在這些剛解凍的吐司照片下，寫著：「冷凍保存前，請改用可冷凍的包裝袋或保鮮膜進行分裝，因為我們的包裝袋在冷凍後會失去彈性，可能會破裂。請確認產品已用可冷凍的保鮮膜緊緊包裹住，或是裝進標有『可冷凍』的適用耐凍袋。」沒注意到警語，是你運氣不好。

會這樣是因為「黃金吐司」的包裝袋材質是「聚丙烯」

（Polypropylene, PP），而耐凍袋材質則是「聚乙烯」
（Polyethylene, PE），雖然兩者皆由長鏈分子組成，但在
聚丙烯中，這些長鏈分子總是非常有序地排列形成小區域，
也就是結晶。這也就導致物質的流動性受到嚴重限制，玻璃
化溫度介於攝氏 0 ～ 10 度，冷凍的溫度就更低了，所以在
你一手穩定洗衣籃，一手抓取那袋冷凍過的吐司時，悲劇才
會發生。

地獄般的戰鬥

　　與寶華佐利的擔憂相比，吐司落地這種後果當然根本微
不足道。「挑戰者號」的橡膠圈會在發射塔上失去作用，熾
熱的燃燒氣體會逸出，裝載液態燃料的燃料箱會爆炸。寶華
佐利和同事再次警告不要於這麼寒冷的天氣中發射太空梭，
或者，他也正如自己後來向記者說的那樣：「我拚命阻止這
種情況發生。」
　　「挑戰號」發射升空前一天，摩頓泰爾克公司和 NASA
雙方的工程師及主管進行了一場匆忙的電話會議（只有通電

話，那時是 1986 年，還無法進行視訊），NASA 要求進行
實際演練，但因為時間太過緊迫，寶華佐利只能出示手寫的
數據，但他相信已經有足夠的證據可以阻止這場發射計畫。
他一開始故意沒提溫度細節，只說擔心現在的氣溫並不暖和。
畢竟「發現號」發射升空時，攝氏 11.6 度的氣溫就已經太
低了，更何況現在是冬天。「這種材料冰凍後會跟石頭一樣
硬。」

在日常生活中，我們更熟悉的是讓塑料過熱的問題，
例如熨燙衣服。許多衣服的材質是合成纖維，主要是聚酯
（polyester）或聚醯胺（polyamide）纖維，它們柔軟、
不易變形，而且速乾，所以特別適合用來製作運動服。

聚酯纖維也相對能耐高溫（熔點為攝氏 235～260 度），
不過如果你穿著聚酯纖維製成的運動褲在健身房跌倒滑過地
板，褲子可能會因為摩擦生熱而燒破洞。聚醯胺纖維則是一
種熱敏感纖維，即使以攝氏 60 度洗滌也會出問題。

但對「挑戰者號」來說，問題是低溫。「挑戰者號」發
射前一天的電話會議持續了 6 小時，工程師們相互爭論、提
出證據，並回答問題。就寶華佐利看來，摩頓泰爾克公司的
專案主管似乎被說服了，「挑戰者號」的升空計畫會叫停。

但隨後氣氛出現改變，NASA 的某位專案主管說：「你的說法讓我很震驚！」另一人緊接著說：「那我們什麼時候可以發射？明年 4 月嗎？」

摩頓泰爾克公司的主管要求暫停會議，希望在沒有 NASA 人員與會的狀況下，內部單獨進行 5 分鐘的會談。寶華佐利回憶道：「按下電話上的靜音鍵後，公司一名主管低聲對其他人說：『現在我們必須做出管理決策』。」據寶華佐利說，主管們花了半小時編纂出一份證明可以發射太空梭的要點清單，其中最重要的論點是：工程師提出的數據沒有意義。

那是沒有工程師在場的情況下討論出來的結論。寶華佐利還記得，自己那時不知道為什麼站起來走到經理前面，把「發現者號」損壞的橡膠圈照片扔到主管桌上：「我根本是在對她大吼，喊著溫度愈低愈漏氣！」但這樣還是沒用。隨後，引用摩頓泰爾克公司副總裁的話：「放下你工程師的堅持，用管理者的角度處理事情。」

公司不想得罪 NASA 這個重要客戶，NASA 也不想延後發射時間。「發現者號」的發射時間之前就已經因為天氣不好、另一個任務和技術問題延遲了幾次，大家擔心再次延期

會給人不好的印象，因此 NASA 欣然接受摩頓泰爾克公司的保證。當主管宣布他們的新決定時，沒人表示質疑。電話會議在幾分鐘內結束。渴望戰勝事實。

隔天，也就是 1986 年 1 月 28 日，7 名男女登上「挑戰者號」，坐定後繫好安全帶，這天雖然陽光普照，但只有攝氏 2 度，冰柱掛在發射塔的鷹架上。

太空人之一克里斯塔‧麥考利芙（Christa McAuliffe）是一位老師，她參與 NASA「太空教師」（Teacher in Space）計畫的甄選，並從 1.1 萬人中脫穎而出，之後將在太空中，替電視機前的觀眾上 2 堂課。她是首位被 NASA 送上太空的一般民眾，美國人為她激動喝采！當「挑戰者號」準備發射時，大約有 17% 的美國人在觀看這場電視直播。

一開始寶華佐利是缺席的，他選擇不看這場發射。他依然可以肯定，「挑戰者號」還沒離開發射塔就會因為橡膠圈硬化而直接爆炸。但他有個很要好的同事的女兒沒看過太空梭發射升空，當他們問寶華佐利是否會在現場時，他說會。

開始倒數計時，「挑戰者號」在觀眾的歡呼中升空。寶華佐利低聲對朋友說：「我們剛剛開了一槍。」他們看著時鐘讀秒，等待著接下來的災難，但一秒接一秒過去，什麼事

都沒發生。當太空梭發射一分鐘後，寶華佐利感激地說：「我們成功了！」

又過了 13 秒，事情發生了。在「挑戰者號」發射升空 73 秒、升至距離地面 15 公里的高空上時，寶華佐利和同事們好像看到一枚火箭助推器與太空梭分離了。他的第一個念頭是：「太早了，應該要發生在 120 秒後才對。」

然後，電視螢幕上出現了一團火球。在濃煙和火光中，一枚火箭助推器直墜地面。事發第一時間，根本看不到太空梭。播報者的驚恐在錄下的影音中表露無遺，地面上的 NASA 工作人員也嚇到了。控制室打來電話：「太空梭爆炸了。」

但事實並非如此，反而是寶華佐利擔心的事發生了。太空梭發射幾秒後，其中一個火箭推助器的橡膠圈失去作用，導致側面出現裂縫，熾熱的燃燒氣體就是從這個地方逸出。不過，這個裂縫一開始顯然有再次密合（可能是熱熔渣的功勞），否則「挑戰者號」根本離不開發射塔。

遺憾的是，熱熔渣未能阻止太空人的不幸，可能是在飛行時被一陣強風吹鬆了。熾熱的氣體逸出，並衝擊到火箭助推器與裝滿液態氫的外燃料箱之間的連結處，導致液態氧和

液態氫溢出並立刻炸開,使這起事故看起來像爆炸。後來的調查顯示,雖然還參雜了其他因素,但這是事故主因。

太空人所在的太空艙沒有爆炸,但太空人也對其失去控制,太空艙的電源故障了,之後隨即大力撞擊海面沉入海底,直到三個月後才被找到,7 名太空人都在裡面。

事件發生後,寶華佐利過了幾週糟糕的日子。他被任命為調查小組的一員,但不認為應該揭露致災的真正原因。寶華佐利後來在他的講座上說,當美國雷根總統(Ronald Reagan)的「總統委員會」[3] 質詢摩頓泰爾克公司的工程師時,工程師們被指示要簡短地回答問題。寶華佐利選擇不遵照這個指令,他不是簡短地回答「是」或「不是」,而是向委員會提交自己手頭上的文件,包括他警告這會是一場災難的備忘錄。

3　譯註:Presidential Commission,總統委員會是美國總統任命的特別工作小組,負責完成特定的、特別的調查或研究,通常具有準司法性質。

他是英雄或叛徒

對某些人來說，寶華佐利是英雄，他提交的文件使調查員會能找到「挑戰者號」失事的真正原因。1986 年 6 月，調查委員會提交了報告，內容嚴厲批評了 NASA，並將橡膠圈列為導致這場悲劇的原因。（諾貝爾物理學獎得主理查・費曼〔Richard Feynman〕將橡膠圈的一部分放進一杯冰水中，以證明橡膠圈會變得很僵固的場面非常有名。一個實驗勝過寫一千字報告。）

這份報告還包含未曾發表過的照片，顯示太空梭升空後幾秒鐘，右邊的火箭助推器下面的部件連結處出現了少量煙霧，這些煙霧最終成了燃料箱起火的凶手。

NASA 的太空梭計畫已經暫停。「美國科學促進會」（The American Association for the Advancement of Science, AAAS）授予寶華佐利「科學自由與責任獎」（Award for Scientific Freedom and Responsibility）。

但寶華佐利也付出了代價，因為對同事而言，他就是個叛徒，詆毀公司名聲，並讓大家的工作出現危機。更慘的是，在他居住的美國猶他州（Utah）小鎮上，摩頓泰爾克公司是

最有影響力的雇主。

在工作上，寶華佐利覺得被孤立，雖然沒有被開除，但也不再被允許參加太空計畫。他出現頭痛、失眠和情緒低落的狀況，醫生診斷他罹患創傷後壓力症候群（PTSD）。雖然同事和鄰居譴責他說太多，但他責怪自己做太少。最後，他離開了摩頓泰爾克公司，以顧問為職自行創業。

在講座中，他反覆討論自己一生中最重要的課題：自然科學和工程科學中的倫理學。他向眾多大學生說：「說真話不容易，但能讓你問心無愧睡得好。」

關於這起事件，我們對兩件事留下深刻印象：橡膠圈這樣的小零件居然可以產生這麼大的影響。讓 NASA 和工程師日子不好過的並非自然定律，而是無視它們。塑料延展和變硬的溫度是沒得商量的，就像重力、靜電荷、溫室效應或其他物理現象一樣，我們最好接受這一點。

破壞日常生活的係數	● ● ○ ○ ○
提高工作效率的係數	● ● ● ○ ○
致災潛力	● ● ● ● ●

CHAPTER

3

喂？喂？
你還有在聽嗎？

【電磁波】

爲什麼去除訊號死角這麼難？

在德國高速列車 ICE 上從柏林（Berlin）打電話到科隆
（Köln）：「喂？喂？？（快速地查看了一下手機）⋯⋯我
快到柏林了，可能很快就會經過了⋯⋯喂？⋯⋯你剛離開（把
手機貼在耳朵上）⋯⋯喂？⋯⋯（聲音變大了）⋯⋯列車停
靠下一站的時候我再打給你，好嗎？」

雖然高速列車 ICE 上接聽手機的專用區域已經加裝了增
強手機收訊的強波器，但這種狀況仍然不斷發生，讓人覺得
這段車程有夠累人，尤其是擔心斷訊時，還會不自覺地加大
聲量。大聲說話當然沒用，但我們還是會這樣。讓人在全國
各地都能接聽手機到有什麼難的呢？為什麼在某些地區，我
們每隔幾公里就會掉進收訊黑洞，要怎麼改善這種狀況呢？

我們對這個議題的興趣是在德國下巴伐利亞地區

（Niederbayern）某場研討會上被引出來的，已經忘了會議主題是什麼，不過休息時間發生的事我們還是記得很清楚。

有一群人跳起來興奮地揮舞雙手，跑來跑去開心極了，直到有人喊了一聲：「有了！」然後所有人衝到他旁邊擠在一起，像是在小孩生日派對上玩搶椅子遊戲，不過這群人想要的不是椅子，而是更珍貴的東西：手機訊號。

每次自由活動時間或晚上到山上散步，只剩「德國電信」（Deutsche Telekom）的通訊用戶手機還有訊號時，會讓人心情變得更煩躁。

前文中提到的每個人似乎都有個故事好說。德國的通訊網絡就像一塊充滿孔洞的乳酪，似乎到處都有訊號死角。在國際行動網路報告權威機構「打開訊號」公司（Opensignal）的一項研究中，調查了用戶使用手機通訊的體驗，德國在 100 個國家中，排行第 50 名，落後於印尼和位於中亞的吉爾吉斯坦共和國（Kyrgyzstan）。

鄉下地方的訊號特別不穩，但柏林中部地區也是，顯然這裡有個 4G 黑洞。據傳有位部長說自己不會在車上與外國同僚講電話，因為要是一直斷訊，那就太尷尬了。

現在還不清楚這個問題到底影響有多大，因為「死角」

沒有科學定義。是有些路上沒訊號就算嗎？還是要整個地區都沒有呢？那麼「德國電信」的用戶有訊號，但「沃達豐」（Vodafone）電信公司的用戶沒訊號的地區，又怎麼算呢？不過有一點很清楚，在德國光用手機講電話就不順暢了，更別說上網。畢竟，我們不只希望打電話時不斷訊，還想要開視訊會議，理想狀況下，啟動自動駕駛的汽車應該要能透過網路聯繫其他自動駕駛的汽車才對。這在技術上可行嗎？

看看打電話時會發生什麼事。當你打電話給某人時，你的手機會發出電磁波，它們會在空中散開尋找下一個輸電桿，「基地臺」就是聚集這種接收手機訊號輸電桿的小區域。當我們從柏林搭火車到科隆時，主掌手機訊號傳輸的基地臺會從這個移到另一個。你的手機訊號會透過定向無線電（Directional Radio）或電纜轉發給在辦公室同事、在家的孩子，或者你是一名政治家，訊號會轉發給你外國的部長級同僚。

我們家孩子曾經試圖尋找這種天線，他們尋找時，腦中想的是必須安裝在屋子某處的那種典型細天線，或是俗稱小耳朵的碟型衛星訊號接收器。不過手機天線不是長那樣，它更像是一根連著整串怪異灰色長方形盒子的粗壯金屬棒，這

種形狀是特意配合天線必須為長條形所塑造的，其中暗含著
物理技巧。每個盒子裡接連安放著幾個同款發射器，如果只
用到一個發射器，訊號會向各個方向均勻發散，也就是向上、
向下和向左右周圍，有點像是發光的燈泡。但大家通常不想
要向上和向下的訊號，尤其是住家就在發射下方時。

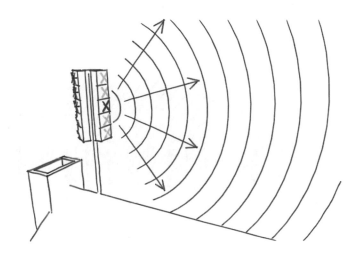

　　工程師會面臨一個問題：要如何控制訊號盡可能向前發
射，而非朝其他方向發散？以燈泡為例，是用燈罩來解決燈光
散射的問題，只讓光線投射到需要的方向。無線電天線很難做
到這一點，但有一種簡單卻讓人激賞的物理方法可以控制發射
方向：讓幾個發射器彼此發射無線電波，以便互相控制。

這就是基地臺上的無線電天線桿會重疊裝載數個天線的原因，這樣它們發射出來的無線電波就會交疊。如果將這些天線對齊，與地面平行的橫向電波會增強，波峰和波谷則弱化或甚至相互抵消，並以這種方式將訊號傳輸至發射器另一端的目的地。在沒有山脈、樹木、或房子等任何障礙物的情形下，這種平行於地面傳播的方式，可以將訊號傳送到很遠的地方，至少在德國離岸 30 公里的地方通常都還能講電話。

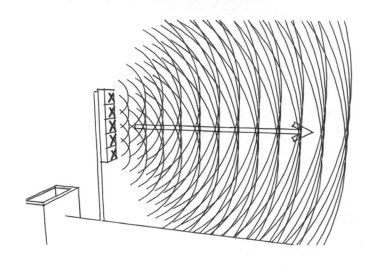

或許你現在發現了一個特別高的無線電天線桿（可能在高聳的建築物或電視塔上）。我們肯定都希望訊號射向地面，把裝有發射器的盒子推倒讓訊號朝下發射當然很容易，但我

們不必這麼做，只要利用「疊加原理」[1]就好。如果電波在位置較低的發射器處稍微延遲，那麼在較接近地面時，就會增強，同時在不需要它們的地方相互抵消。現場聆聽過大型音樂會的人都知道，舞臺左右兩側掛有狹長型的盒子，美妙的音波會在這裡疊加，這樣美好樂音才會落入觀眾耳中而非演奏廳的天花板上。

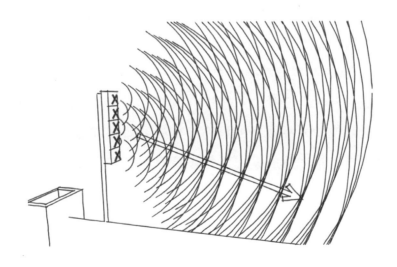

---

1 譯註：Superposition Principle，對任何線性系統「在給定的地點與時間內，由兩個或多個刺激產生的合成反應，是由每個刺激單獨產生的反應之代數和。」應用在無線電波上，就是在同一空間中傳播的兩個或多個波的合成振幅，是由每個波單獨產生的振幅之和。例如，兩個相向傳播的波將徑直互相穿過，在另一邊不會有任何變形。

現在我們當然想要找到自己的無線電天線桿，下一個天線桿可能在住家公寓附近的什麼地方呢？我們在去商店購物的路上和散步的路途中朝上張望，看起來可能很像個傻子。我們懷疑天線在住家西邊，因為位居東邊的客廳訊號總是最差。

一開始，我們什麼也沒找到，所以上網搜尋最近的手機基地臺。終於找到了！在德國聯邦網路局（Bundesnetzagentur）的網站上，可以準確看到基地臺分布情況（我們對分布圖的詳細程度感到非常驚訝）。[2] 在這個網站，不僅可以看到通常安裝在大型建築物上的大型天線位置，還有其他小型基地臺（Small Cell），這些小型基地臺安裝的是較小的天線，通常位於人潮眾多的地方，例如展覽廳或市中心。結合Google 街景地圖，就可以輕鬆查看負責你手機訊號的基地臺所在位置。

2　https://www.bundesnetzagentur.de/DE/Vportal/TK/Funktechnik/EMF/start.html

我們的個人無線電天線桿

　　我們在 Google 地圖輸入自己的地址，並自豪地發現我們是對的，最近的天線桿的確是在住家西邊。但可惜的是，它和我們家中間隔了一座種滿樹木的小丘，而我們住家東邊幾哩內都沒有基地臺，這個方向的天線桿還是位於另一棟屋子後面，這的確符合我們的日常經驗：手機在位於東邊的客廳、房間幾乎沒有訊號，如果想好好講電話，就得站在位處西邊的前門那裡，靠近鞋架的小走廊訊號特別好。因為我們總是在那裡講電話，所以那邊的地毯都已經嚴重磨損。

　　屋簷下的待客區訊號也很好，從那裡可以看到讓人不便的小丘和房子上的天線桿。（我們的孩子就住在那裡，那邊的天線桿對我們來說非常實用，可以輕鬆打通孩子手機。因為降噪耳機可以隔絕叫人吃飯之類的聲音，打電話才總能找到人。）

　　但是為什麼儘管西邊的天線桿與我們之間隔了小樹林，卻能傳送訊號給我們，但在屋子裡卻收不到東邊天線桿傳送來的訊號？我們不是應該因為訊號被阻隔，而收不到任何一方來的訊號嗎？我們當然很高興事實並非如此，但這一開始

似乎並不合邏輯。

　　其實西邊天線桿的訊號能成功傳遞給我們，都是物理學的功勞。無線電波有些特點和可見光（Visible Light）一樣，像是會無限地反射、散射和彎曲。房屋的牆壁可以反射訊號，屋簷可以向下彎曲電波，不平整的表面會將你的 YouTube 串流散射到各個方向。

　　除此之外，如果電波同時經由直接的路線和從另一個方向散射到我們這裡，那麼電波可能會增強或減弱，所以客廳這扇窗邊的收訊總是不好，但另一扇窗邊的收訊卻都很好。最明顯的情況是開車停等紅綠燈時，原本收聽的廣播節目會失去訊號，有時只要往前開一公尺，收訊就會恢復。

　　雖然無線電波可以輕鬆穿越某些材質，但基本上愈厚的牆愈難穿過，含有鋼材的混凝土牆比砂灰磚砌成的牆壁更難穿透。無論如何，鋼筋混擬土等導電材質都是電波的剋星。以微波爐為例，它的頻率恰好是 2.455 GHz，非常接近 LTE[3]

3　譯註：長期演進技術（Long Term Evolution），電信中用於手機及數據終端的高速無線通訊標準，俗稱 3.9G。

和 5G[4] 的傳輸頻率範圍，我們恰好可藉此釐清問題：微波爐的電磁波是否會在廚房中毫無阻礙地傳播？答案是不會，因為它們會受到微波爐的金屬內壁所屏蔽。

我們曾在辦公室體驗到這一點，且印象深刻。我們掛了一大塊白板後，無線網路的訊號就變得很差，這真的很奇怪。金屬與訊號變差的關聯不是我們自己想出來的，是資管人員發現的。我們只是將白板掛在與無線網路路由器隔鄰的另一側牆面上，導致路由器無法穿過金屬白板向辦公室發送訊號。

波的超能力

為什麼路由器無法穿過金屬白板向辦公室發送訊號呢？簡短解釋一下電磁波在此處的運作原理。它們可以被視為是耦合在一起的許多小電場和磁場，振盪方向垂直於傳播方向。這些波來自於微波爐、手機、手電筒或收音機，它們的波長

4　譯註：第五代行動通訊技術（5th Generation Wireless Systems），是最新一代行動通訊技術，效能目標是高資料速率、減少延遲、節省能源、降低成本、提高系統容量和大規模裝置連接。

有所不同，這也影響了它們應對障礙的能力。例如，光線和手機輻射無法穿透鋁製手提箱，但 X 光可以，每種波長都有自己的超能力，因此適用於不同目的。

- 長波的波長達 10 公里，在各種波中算是非常巨大。長波因為在地面沿著地球曲率傳輸，所以可以替我們的「電波鐘」[5] 傳輸時間訊號，而且可以輕鬆行進數千公里遠。
- 短波波長比較短，所以會被電離層（ionosphere；含有帶電物質的空間區域）反射，將訊號送至世界各地。我們小時候對短波收音機上的間諜發報節目非常著迷，擁有陽春型收音機的人都可以收聽，但僅持有正確解密密碼的間諜才能理解。
- 我們都用超短波來收聽廣播。除此之外，還瘋狂用於廣播，民用廣播、軍用廣播、空中導航、海上無線電，甚至衛星都透過這種電磁波來控制。

---

5 譯註：Radio-Controlled Clock，這種時鐘的主體為一般石英鐘，但內藏接收電波的天線，每天自動接收對時基地臺發射的「標準時刻」電波，包含正確的年、月、日、時、分、秒，並自動校正。

　　手機訊號由「分米波」（Decimeter Wave）和「釐米波」（Centimetre Wave）這兩種波組成。

　　分米波就如字面所示，至少有 1 分米（即 10 公分）長，最長則達 1 公尺，頻率介於 300 MHz 至 3 GHz，在這頻率之間可以做很多事，例如無數的無線電服務和導航服務，也就是你接受和發送的無線訊號。當我們兩人以「Die Physikanten」（物理學家們）的身分出現在科學節目上時，身上穿戴的耳機也是用這頻率播放。有些雷達系統使用的波長很短，微波爐也是如此。

　　分米波的超能力是它的資訊密度，就算各個頻率非常接近，也不會互相干擾，所以這種波可以加載非常大量的數據，不過它也有弱點，就是會受到與波長差不多大小的導電體干擾，例如樹上的大片樹葉。

　　釐米波的波長介於 1～10 公分，是無線電波中的渦輪增壓器，為 5G 技術提供極高的數據速度，海運和電視衛星的雷達系統也可以使用。這種波的超能力是更高的資訊密度，而缺點是高頻時特別容易受到大氣干擾，水蒸氣和雨水會縮小傳遞範圍（這反而可以用於觀測天氣，像是降雨雷達之所以這麼準確，就是因為雨滴會反射波）。

　　如你所見，波在尋找接收者方面遇到了不同的困難，所以我們替電視和無線電訊號（特高頻〔VHF〕範圍）建造了特別強力和高聳的發射天線，讓它們能涵蓋很遠的區域，例如，在東德也可以看到西方的電視節目。

　　不過這種情況並非隨處可見，東德居民也有人住在「無知之谷」（Tal der Ahnungslosen），也就是德國最東北部的格賴夫斯瓦爾德（Greifswald）和東南部的德勒斯登區（Bezirk Dresden）周圍地區。西方發射器所發出的電磁波根本無法到達這麼遠的地方，所以這些地區的居民不得不觀賞被審查過的東德電視臺（DDR-Fernsehen）節目，而諷刺的是「德國公共廣播聯盟」（Arbeitsgemeinschaft der öffentlich-rechtlichen Rundfunkanstalten der Bundesrepublik Deutschland）的縮寫 ARD，經常被人將意思改為「Außer Rügen und Dresden」（除了呂根島[6]和德勒斯登）。

6　譯註：德國最大的島嶼，位於德國東北部的波羅的海。

　　有趣的是，一項針對「史塔西檔案」[7] 進行的研究表示，「無知之谷」的居民對東德政治制度的滿意度低於那些可以收看西方電視節目的同胞。你本來以為答案是相反的，對吧？該研究報告的作者將原因歸結為：西方的電視節目沒被當成消息來源，而是單純用於娛樂和消遣。這種脫離媒體的現象，顯然意味著人們不再察覺政治制度有多麼糟糕。

　　現在德國的無線網路不只必須傳輸圖像、電影，還得傳送汽車自動駕駛、視訊會議和物聯網所需的大量數據，因此目前正在拓展可以極具目的性地傳輸特別大量數據的 5G 網路。不過 5G 網路的缺點是釐米波的傳輸範圍比較小，顯然得架設更多無線電天線桿。

　　這樣也能解決我們跨年夜的問題，每年新年倒數計時後的午夜時分，大家都會試圖打電話給住在另一州的親友，但手機都沒訊號。這不可能是無線電天線桿的問題，因為它們

7　譯註：Stasi-Unterlagen，史塔西（Stasi）為東德國家安全部（Ministerium für Staatssicherheit）的通稱，出自「國家安全」（Staatssicherheit）的縮寫，成立於 1950 年 2 月 8 日，被認為是當時世上最有效率的情報和祕密警察機構之一，負責壓制國內政治異議者並監控東德國民，「史塔西檔案」就是該機構對這些人的監控紀錄。

一如往常待在原處，問題出在無線網路的容量有限。

手機電信業者嘗試估算有多少通電話可能會同時撥進同一個小區域，所以居民眾多的地方會有許多無線電天線桿，人不多的鄉下地方則很少。以我們居住的魯爾區（Ruhrgebiet）郊區為例，突然同時有很多人想打電話祝親友新年快樂時，基地臺因為流量滿載而關閉。然後你的手機可能根本就找不到訊號，這與電話本身無關，就和我們搭ICE高速列車從柏林到科隆，在車上講電話時一樣。

就技術和物理上來說，架設更多的無線電天線桿不成問題，但從政治和經濟角度來看就未必如此，因為大家對無線電天線桿並沒有好印象。我們都想打電話，但不想把天線安裝在自己家。當天線桿被設置在學校、幼兒園或動物棲息地時，總會迎來不斷的抗議。

只要有無線電天線桿，的確就會發射和接收電磁波。但站在物理的角度來看，設置愈多的無線電天線桿，傳輸途徑上的輻射就愈少。覺得很奇怪嗎？但這理論的確沒錯。因為這樣一來，天線桿會總是盡可能以低功率來運作，通常只有50瓦特（微波爐就有650瓦特），一般來說，這麼小的功率就足以在不太大的無線基地臺涵蓋範圍內傳輸訊號。但如果

天線桿相距很遠，就需要用更大的功率來傳輸訊號，這樣會導致更多的輻射。

　　手機在訊號死角的情況與此類似，在訊號不良或沒訊號的地方，手機發出的電磁波會更多而非更少，因為它會拚命試圖連接訊號。所以結論就是發射器愈多，我們接收到的輻射愈少，因為手機不用那麼拚命連線。

一對熱耳朵

　　當我們碰到電磁波時，會有什麼問題嗎？從物理的角度來看是這樣的：如果我把手機放在身體的任何部位，與它貼近的地方會稍微變熱。水分子是極性分子，也就是一側帶有正電荷，另一側帶負電荷，如果有頻率適合的電磁波經過，水分子就會旋轉並隨之動搖周遭環境，所以水就變熱了。這是微波爐所需要的，但我們的手機當然不需要。不過我可以用手機把自己的大腦煮熟嗎？這當然也很容易計算。

　　為了簡單起見，我們假設身體由水組成（本來水就占身體大部分比例），要將 1 公斤的水加熱攝氏 1 度，需要約 4,000

焦耳（或瓦特秒）的能量。[8] 這些設備影響我們身體的最大值是每公斤 2 瓦特，我們可以很輕鬆就算出將受影響的身體組織稍微加熱需要 2,000 秒，也就是半個多小時。不過這是個理論值，因為身體的血液循環會讓這些熱量直接分散掉，所以變熱的程度有限。

但是有變熱就是有變熱，我們的身體和手機之間無疑發生了一些事情，很多人對此感到憂心。好消息是，除了我們的身體受到最低限度的加熱以外，沒有證據證明我們的細胞、神經和 DNA 還出現了什麼變化。至少根據目前所知，我們體內沒有能接收手機輻射的天線，現在也還沒有方法論上的合理研究能證明手機電磁波與人體疾病間存在因果關係。

令人驚訝的是，如果通話時間較長，耳朵仍然會變熱，這與前文的計算相反。不過會這樣的原因並非手機強烈散熱，而是我們耳朵貼附在手機上，阻礙了耳朵散熱，彷彿被發熱的手機覆蓋著。

8　水的比熱（也就是將 1 公斤的水加熱攝氏 1 度所需的能量）為 4.183 kJ / (kg K)。

　　可能還需要一段時間才能全面消除德國的訊號死角，現在你只能盡量找到訊號。有些位於絕對訊號死角的旅館打著「數位排毒」[9]的座右銘，擺明提供沒有手機訊號的假期，而那種地方也更加便宜。

破壞日常生活的係數	●	●	●	●	●
提高工作效率的係數	●	●	○	○	○
致災潛力	●	●	●	○	○

9　譯註：Digital Detox，指關閉手機、平板、電腦等數位裝置，不用任何網路和外界連絡，投入大自然，享受單純簡樸的生活。

給聰明人──五個 5G 的有趣事實

無論是 TikTok 的短片、音樂串流或通電話,傳輸的都是巨量的數據流,是用 1 和 0 所組成的極快速序列,不管用什麼方式都可以傳輸。這是借助無線電波,也就是所謂的載波來完成,訊息並以特定、固定的週期來傳輸。

無線電波一開始並未攜帶任何訊息,為了用來傳輸數據,必須調變波形,做法有幾種,下文介紹其中兩種。

1. 振幅調變(Amplitude Modulation):這種方法改變了波的大小,也就是波的幅度。在最單純的狀況下,這意味著如果要發送一個 1 那麼波會很大,而 0 很少或根本沒有,那麼波會很大。這可以透過幾個小步驟來實現,並提供無數的調變選擇。

2. 相位調變(Phase Modulation):這裡的波在時間上出現了一點偏移,0 和 1 可以根據移位類型來編碼。

方便的是,這兩種做法可以組合在一起,甚至再延伸擴展,每個週期不只可以發送 1 個位元(也就是 1 或 0),而

且在 5G 的情況下，甚至可以發送到 8 個位元（也就是 0 ～ 255 之間的數字）。[10]

5G 的驚人之處，在於其有更多可以應用的特點。

1. **高頻**：5G 計畫使用 40 GHz 以上的極高頻率。高頻的波很短，這意味著會有更多的波峰和波谷會在更短的時間內抵達接收器，所以波的循環會更快，能傳輸更多訊息。

2. **資訊高速公路（Information Highway）**：試想，如果單一個頻率是對應單一條資訊高速公路來傳輸，為什麼我們不同時在好幾條資訊高速公路上傳輸好幾個頻率？5G 可以同時在多達 16 條的資訊高速公路上傳輸，那麼數據流可以拆成 16 個頻率，傳輸到你手機後再重新組合，如此一來，你下載最愛影集的下一季只要耗時約原本的十六分之一。

3. **擁有數千條資訊高速公路**：數據發送出去前，會被拆分為高達數千個非常緊密的頻率，可以把這想像成是一條

---

10 譯註：0 與 1 的 8 個位元組合一共有 256 種。例如：00000001、00000011……

高速公路上有很多非常狹窄的車道，每條車道的運輸量很少，但到達目的地的總量一樣多。

最大優點是「正交分頻多工」[11] 這種技術不容易受到干擾，如果單條資訊高速公路（也就是低頻）受到干擾，接受器可以從其他數據中重新組合出完整的訊號。順帶一提，QR Code 也利用了類似的技術，如果 QR Code 上面有了點汙漬或有人在上面寫了些東西，通常還是可以辨識，因為 QR Code 的黑點還包含了冗餘[12] 的資訊。

4. **互相重疊的資訊高速公路**：如果基地臺以相同的頻率從幾個很相近的天線發送訊號，這樣可以傳輸更多的數據。較新型的手機會安裝多條天線，以輕鬆接收不同訊號，例如發射器和接收器各有兩條天線（即「多輸入多輸出系統」［MIMO］），那麼在理想的狀況下，這樣會讓數據傳輸速率加倍。

---

11 譯註：Orthogonal Frequency Division Multiplexing（OFDM），是一種高效率的多通道調變技術，具備高速率傳輸能力，且能有效對抗頻率選擇性衰減，因此現今的無線通訊已大量採用該技術。

12 譯註：redundancy，是系統為了提升可靠度而刻意重複的零件或機能，通常是考慮到備用或安全失效，也可能是為了提升系統效能。

5. **以波瓣傳輸數據：**5G 網路計畫在用戶特別多的地方使用所謂的「大規模天線陣列」（Massive MIMO），例如有個盒子裡放著由最小的天線排列而成的 8×8 西洋棋棋盤格矩陣。透過這種方式，可以控制訊號的目標方向，甚至接收器也可以單獨提供波瓣。因為接收器的大規模天線陣列會根據用戶所在位置發出不同訊號，所以它的物理行為很像全像投影（hologram），從不同角度看起來也不一樣，締造出 3D 影像的視覺效果。真是太妙了！

　　如你所見，現在正拚命努力傳輸愈來愈多的數據。不幸的是，這也帶來問題，因為高頻波傳輸的距離較短，所以需要設立更多基地臺，整體會消耗更多能源。除此之外，數據量也有望增加，這兩者皆會增加能源的消耗。

　　5G 網路所需要的巨大運算力當然不是「康懋達 64」（Commodore 64）這種舊世代電腦可以執行的，反而是有少數晶片製造商能生產必要的電子產品。要選擇哪些公司成為這些重要基礎設施零組件的供應商，已經成為高度政治化的問題，例如，美國人其實不太信任中國製造商的安全標準，畢竟我們看不到晶片裡面包藏著什麼東西。

橋要垮了？真無聊！

【振動】

爲什麼振動可能會產生巨大影響？

如果身旁有座橋倒塌了，你會做什麼事？你會逃跑？還是你會停下腳步拿出手機錄影？不管你會做什麼，總之不會覺得無聊。但 1940 年 11 月 7 日美國華盛頓州塔科馬海峽吊橋（Tacoma Narrows Bridge）倒塌時，在場人士的感覺就是無聊。

你可以在搖搖晃晃的黑白影片中（很顯然橋上有人帶著攝影機），看到八百多公尺的吊橋像一條被大力拋出的跳繩那樣在空中旋轉，但與此同時，一群裝扮講究、戴著帽子、穿著大衣的男人神情冷漠地自顧自向前走，有些人甚至剛從搖晃的吊橋上慢吞吞地漫步下來。當他們經過鏡頭前，臉上表情清晰可見：他們是恐懼或驚訝？答案是沒有任何表情。

很顯然，當地人已經習慣這座瘋狂的吊橋。塔科馬海

峽吊橋總是在微風中搖晃，這是因為它完工的樣子不只很長，而且也非常窄，跨度達 853 公尺，是當時世界上第三長的吊橋（僅次於美國加州的金門大橋〔Golden Gate Bridge〕和紐約的喬治・華盛頓大橋〔George Washington Bridge〕）。

雖然塔科馬海峽吊橋的橋面非常窄，但也還有足夠的空間供 2 條車道和 1 條人行道使用。這座吊橋會在微風中顛簸起伏，完工不久就被稱為「奔馳的格蒂」（Galloping Gertie），也正是這點特色吸引了許多遊客前來，甚至有人專程過來體驗搭乘「雲霄飛車」的感覺。可能就是因為這樣，1940 年 11 月 7 日那一陣強風吹襲過來，吊橋又開始搖晃時，路人才會毫不緊張。

網路上關於塔科馬海峽吊橋倒塌的歷史影片值得一看，在模糊的黑白影像中，「奔馳的格蒂」晃盪得愈來愈厲害，直到最後斷成兩半，有輛最後還在橋上的汽車掉進海裡，幸好司機早已安全逃生。幸運的是這起事件沒有造成人員傷亡，只有橋梁建築師里昂・所羅門・莫伊塞夫（Leon Solomon Moisseiff）的聲譽受損。

他的設計方案其實是貼合時代脈動，在當時，狹窄

橋面是流行趨勢，科隆的羅登基興橋（Rodenkirchener Brücke）也是採用類似設計建造而成。塔科馬海峽吊橋並非全球首座橋面狹窄的橋梁，到底是什麼地方出了問題？是建築師做事草率嗎？答案是否定的。真正的問題出在物理學上，讓他倒楣名譽受損的是天氣。

事發經過是這樣：風主要吹向吊橋側面，這樣一來就會穿過橋梁，導致橋面開始搖擺不定，這時風繼續吹襲撞擊吊橋，使其吸收愈來愈多的能量，從而增加了動量，物理學家稱之為「自激振動」（Self-Excited Vibration）。當時尚未針對橋梁模型進行「風洞試驗」（Wind Tunnel Test），不過現在已經有了，這樣著名的英國建築師諾曼·佛斯特（Norman Foster）在倫敦建造「千禧橋」（Millennium Bridge）時，可能會覺得安全，順帶一提，德國國會大廈著名的圓形拱頂也是出自佛斯特的構想。

優雅的千禧橋是一座跨越泰晤士河（River Thames）的人行橋，於 2000 年 6 月 10 日正式啟用，然後很快就被取了「搖擺橋」（Wobbly Bridge）這個綽號，因為當太多人（超過 2,000 人）同時過橋，千禧橋就會開始很有規律地以 1 Hz 的頻率搖晃，也就是每秒會來回搖晃 1 次。千禧橋啟用 2 天

後，便因為安全考量不得不禁止通行。其實它的晃動也是一種自激振動，當橋梁因為乘載的行人眾多而開始略微振動時，走在橋上的人們會不自覺改變跨步的頻率，讓步伐節奏對應振動的頻率，這也被稱為「同步」（Synchronization）。人們的步態最後會類似溜冰，反過來又加劇了橋梁的振動。現存的歷史影片畫面令人印象深刻。[1]

　　我們冷靜地看著這些橋梁災難。我們在魯爾區開車經過的橋梁不是很漂亮，但它們是用堅固的混凝土建造而成，不會出現搖晃的問題。我們原本並不擔心遇到自激振動的問題，直到自家的洗衣機出了狀況。

旋轉跳躍的洗衣機

　　事情發生在女兒去地下室想從洗衣機拿出毛巾時，洗衣機轉著圈圈朝她跳躍過來，以快速且穩定的節奏敲打著地下室的地板。我們聽到女兒的呼救聲後奔向地下室，腦中閃過

1　在 YouTube 搜尋「millennium bridge wobble」即可找到多部相關影片。

我們能停下洗衣機的瘋狂想法。這個想法的確很瘋狂，如果你未曾制止過以每分鐘 1,200 轉的轉速向你跳躍而來的洗衣機，那麼我要告訴你，那種感覺就像拿著一個非常重的電鑽。最後，我們能做的就是跳到旁邊，震驚地看著洗衣機壓碎洗衣籃，並在牆壁留下一個凹洞。做完這一切後，洗衣機才停下來任我們推回原本放置的地方。

我們一開始以為是洗衣機的機腳隨著使用時間推移，已經錯位出現高低差。但其實並沒有，根本連 0.1 公分的誤差都沒有。後來先請了家電維修人員來檢查，他根本是個天才，之前就常出乎意料的以便宜價錢修好我們認為已經壞掉不能用的家電設備。他檢查洗衣機後，告訴我們是避震器壞了。避震器的作用是吸取振動產生的能量，以免這種能量一直累積，我們洗衣機的避震器壞了，當然就無法成功完成這項任務，才會旋轉跳躍穿越地下室。

會唱歌的濾茶器

自激振動這個現象既然能破壞橋梁，也能讓洗衣機到處跳躍，那麼應該也很容易拿來做實驗吧？我們最喜歡做的振

動實驗只需要準備兩個東西：一個金屬製的濾茶器（不鏽鋼製，上面有非常細密的孔洞）和一個水龍頭。

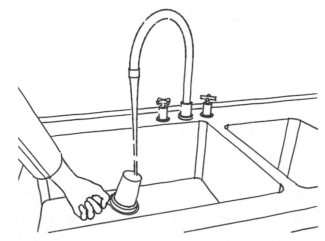

實驗過程如下：

● 調整廚房水龍頭的出水量，讓水流順暢。出水量不該少到一滴一滴落下，也不該是出自起泡器（安裝在水龍頭出水口的零件，可以將空氣混入水中，以節省用水）的氣泡狀。

● 拿好濾茶器讓底部朝上，讓水龍頭流出來的水能直接碰到濾茶器底部。改變水龍頭的出水量和碰到濾茶器的高度，直到聽到曲調。

要是回到 10 年前，這個實驗是不會出現的，因為當時大多是用棉布袋泡茶，或者乾脆用茶包。不過隨著愈來愈多茶壺附加了實用的不鏽鋼製濾茶器，有愈來愈多喝茶的人發現，想沖除貼附在濾茶器上的茶葉時，篩孔會發出嗚嗚聲。某位電視節目的編輯讓我們注意這個現象：「為什麼我的濾茶器會發出吱吱聲？」

對物理學家來說，再也沒有任何問題比「為什麼？」更具挑戰性。這是全世界最好的問題，邀請你進行實驗、思考和解釋。不過，我們對唱歌濾茶器進行的第一次實驗令人氣餒，我們並沒有聽到任何聲音。經過幾次失敗的實驗後，「隨機法」幫了我們一把。我們完全按照前文的描述來調整水龍頭，發現只有把濾茶器放低時，它才會唱歌。

要想濾茶器唱歌，水的流速有多快是關鍵。當濾茶器放在水龍頭的正下方，水落下的速度剛好更為快速，因為物體落下時會不斷加速。這個理論不僅適用於從樓上陽臺落到樓下露臺上的球，也適用於從水龍頭流出來的水。對我們實驗中的濾茶器來說，最佳流速剛好發生在濾茶器處於水槽底部上方時。

但聲音是從哪裡來的呢？這個機制和我們往空中用力投

擲一根細細的棍子一樣。當我們家孩子遠足時不想再往前走，他們就會這麼做（還會說：「我們一定得要一直走嗎？」），然後被丟出去的棍子就會發出聽起來像「咻」的聲音。

　　這聲「咻」來自於空氣在棍子四周快速流動的事實，這樣會產生許多週期性的小渦流。許多是多少呢？也就是無數個都小於 1 毫米的渦流。這些渦流會轉向彼此，一個向右轉，另一個就會向左轉。當一個渦流離開棍子後，就會立刻再出現另一個，空氣流動得愈快，棍子飛得愈快。棍子飛過後，後面會形成一串反向旋轉的渦流，也就是所謂的「卡門渦街」（Kármán Vortex Street）。卡門渦街總是在空氣或水流過障礙物時形成，看起來真的很漂亮。例如，在快速流動的河流中，就可以看到這種現象，你有時可以在突出水面的棍子或石頭後面，看到非常漂亮的卡門渦街。

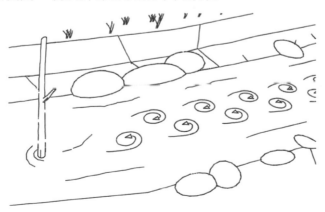

濾茶器的聲音出自何處？

　　然而，除了河流本身好聽的潺潺流水聲，你無法真的聽到河流中的漩渦聲。為什麼不像濾茶器一樣會發出聲音呢？想要理解這一點，最好不要把濾茶器看做一個有篩孔的金屬製品，而是把它當成中間有金屬障礙物的大洞，水會在這些障礙物的周圍流動，就像流過樹枝周圍的溪水一樣。水流經每個障礙物後都會產生反向旋轉的漩渦，從原本的水流分離出來並向下濺落，同時也持續旋轉著，因為漩渦非常強韌，沒有什麼可以讓它們停下，漩渦幾乎不會受到來自周遭的水或空氣的阻力。就算是自己在游泳池簡單製作出的漩渦，也可以滑過整個游泳池。[2] 飛機危險的尾流渦流有時候甚至蔓延到飛機後面，這很可能會導致其他飛機墜毀。

　　因為有這麼多的漩渦，我們很容易就能想像從水龍頭流出來的水流不會保持出水時的原樣。它其實會以一種漂亮、

2　游泳池漩渦非常有趣，如果你想試著做一個，請翻閱我們的另一本著作《物理學就是當它爆炸的時候》（Heyne 2019），書裡對於這些漩渦可能發生的情況有詳細的說明和有趣的故事。

一致的動作向下流動，先是遇到重力的索引，讓它愈來愈快，然後漩渦會轉向彼此，並確保水流中的壓力有序的波動。

　　金屬製濾茶器要不是一體成形的話，連接處會出現搖晃、劇烈振動的現象。一開始可能振動得不是很規律，但過一下子，篩孔和漩渦會互相調整。我們可以用人們走在諾曼‧佛斯特所設計的倫敦千禧橋上的反應來想像這一點，兩者其實非常相似。走在橋上的人們會根據橋的振動調整自己的腳步，進而加劇橋的振動。

　　就濾茶器而言，這就意味著如果水流是以最佳速度流動，就會形成渦街，濾茶器會同步開始振動，從而激發更多漩渦，使振動更為加劇，於是形成了一個穩定的系統。濾茶器是以固定頻率振動，而非隨便亂振動，這一點很重要。

　　這個頻率會是物體喜歡振動的頻率，也就是說它有自己的頻率。被敲響的鐘總是會以固定的頻率發響，用湯匙敲打你的茶杯，也會聽到它的幾個固有頻率（Natural Frequency；或是只聽到 1 個頻率，如果茶杯有把手，其實是會出現幾個固有頻率，你可以藉由敲打不同部位來測試這一點）。用來裝水煮蛋的雞蛋杯的固有頻率和啤酒杯不同，就算是同一款玻璃杯，裝的水量不同，也會產生不同的振動

頻率。

　　也因為這樣，濾茶器的底部才會用它的固有頻率振動並發出聲音。德國明斯特大學（Universität Münster）物理教學研究所的教授韋爾弗里德·舒爾（Wilfried Suhr）對此撰寫了一篇非常精采、詳細的論文，[3] 除此之外，還在論文中建議應該於學校進行該項實驗，因為這很貼近日常生活。

伴隨漩渦的音樂

　　進行該項實驗是值得的，因為可以利用卡門渦街和固有頻率製作出真正的音樂。你可以用不同的濾茶器來完成，這些濾茶器發出的聲音會因為底部的質地相異而不同。我們曾經試圖建立一個濾茶器樂團，可惜沒有成功。我們逛遍了所在城市居家用品店和各家網路商店，才發現濾茶器的種類沒有這麼多選擇。

3　Suhr, Wilfried. "Pfeiftöne vom Teefilter – Ein strömungsakustisches Alltagsphänomen". *PhyDid A-Physik und Didaktik in Schule und Hochschule* 1/19 (2020), 57–66.

不過有一種樂器的運作原理和濾茶器一樣，這種樂器就是風鳴琴（Aeolian Harp），只要選定琴弦的粗細和長度，就可以讓琴弦隨特定的風速振動。放置到合適的地點後，只要起風就會發出樂音，完全不需要人去彈奏。據說《舊約·聖經》中的大衛王的床上掛著一架這種風鳴琴，讓人不禁猜想他房間裡的風一定很大。德國作曲家約翰尼斯·布拉姆斯（Johannes Brahms）替一首關於風鳴琴的詩作曲，德國浪漫主義詩人愛德華·莫里克（Eduard Mörike）在其中寫出風鳴琴對他的迷人影響，原句如下：

風鳴琴的美妙聲響
重複對我發出甜蜜警報……」

只要看到坐落於鹿特丹（Rotterdam）的伊拉斯謨橋（Erasmus Bridge），不管是誰都會震驚不已。這座橋乍看像是一架豎琴，139 公尺高的斜塔柱聳立在新馬斯河（Nieuwe Maas）之上，以粗斜的鋼索支撐著跨河的道路。

雖然這些鋼索如同大腿般粗壯（最粗直徑達 22.5 公分），[4]
但確實開始像樂器的琴弦般振動，起因不是遭受暴風雨吹襲
或行人走動的節奏拍擊，而是波佛風力（Beaufort Wind
Force）達 6 ～ 7 級且下雨時，這種振動才會出現，甚至有
根粗壯鋼索每秒來回擺動的幅度達 70 公分，不過只要雨停
了，振動也就馬上停下。

下雨和振動有什麼關係呢？問題是雨水會在呈斜對角的
鋼索上形成水流，與粗壯的鋼索相比，這些水流根本就是微
不足道的扁平細流。但我們早就知道，細微的表面變化可能
會對流動產生重大影響，以高爾夫球為例，要飛得遠得借助
表面上稱為球紋（dimples）的小凹痕，相較於完美光滑球
體，有著球紋的高爾夫球被擊飛的距離多出近 1 倍。

當雨滴落下，橋上鋼索開始振動時，雨水會在頂端和底
部形成一條細流，規律地阻斷空氣渦流。現在，一根振動的
鋼索、在鋼索上來來回回的水流，以及週期性出現的空氣渦

4　C. Geurts, Numerical Modelling of Rain-Wind-Induced Vibration:
　　Erasmus Bridge, Rotterdam, Structural Engineering International,
　　Mai 1998.

流，形成了一個複雜的系統。這是讓大腿般粗壯的鋼索大力振動的最佳條件。

　　幸運的是，幾乎每個物理問題都有一個物理解決方案，倫敦千禧橋和鹿特丹伊拉斯謨橋的鋼索都巧妙地配置了避震器，因而不再出現振動問題。避震器這個東西對造價幾十億的建築有用，對我們家也有用處，幸好有新的避震器，家裡的洗衣機再也不會移動半分。

破壞日常生活的係數	●●●○○
提高工作效率的係數	●●●●○
致災潛力	●●●●○

CHAPTER

5 不要把沙發扔出窗外

【重力】

> 為何我們躲不開重力，卻可以借助它來調出一杯
> 好喝的雞尾酒

　　有些故事聽起來像是卡通情節，例如以下的意外報導：有位屋頂裝修工人負責裝修一棟 6 層樓建築的屋頂，很顯然一開始運送了太多瓦片到樓上，導致完工時至少還剩 250 公斤的瓦片。這名工人當然根本不想把這麼重的東西背下樓，但他也不想扔下樓，因為這樣瓦片可能會碎掉，最後決定將它們慢慢垂降到建築物外頭的地面上。因此他找來一個既大又堅固的桶子，在上面綁好一根繩子，再將繩子另一端穿過一個滑輪垂降到地面上。

　　然後他跑下樓，把繩子綁在地上，接著跑上 6 樓，將桶子推出去懸在建築物外，並把桶子裝滿瓦片。他再次下樓，並解開綁在地上的繩子。現在 75 公斤重的工人掛在繩子下面

這一端，上面那一端綁著裝滿 250 公斤瓦片的桶子。滿載的桶子只在上空停留了很短暫的時間便向下衝，工人瞬間被往上拉升（他仍勇敢地握著繩子）。

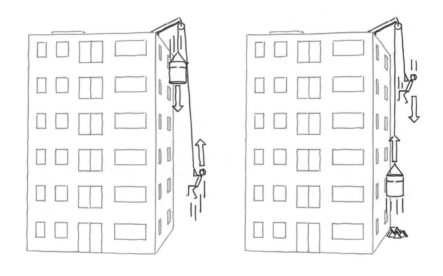

　　他在呈交的意外事故檢討報告中寫道：「我在 3 樓附近撞到了從上面往下衝的桶了。」桶子在撞擊地面前，底部早就破裂，瓦片也掉到地上了。這時空桶的重量不再是 250 公斤，而是可能只有 25 公斤。原本吊著工人相對升到較高位置的那端繩子，突然變成負重較重的那端，於是整個過程又顛

倒過來了，工人重摔落地，空桶往上升高。幸運的是，工人只斷了幾根骨頭，保住了一條命。雖然這是個驚險可怕的故事，但誰該為此負責呢？是重力！

多數人被問到對物理學有什麼認識時，首先想到的可能就是重力。正如我們在引言提到的，我們物理辦公室牆上掛著一張與這呼應的明信片，寫著：「我所知的物理是：東西會掉下來、觸電時會尖叫！」這說得沒錯，不過也讓我們想挑戰看看是否有可能不受重力（或在物理術語中被稱為引力）影響。

我們的確選了一個難纏的對手。重力是物理學的四種基本力之一，但與其他三種[1]不同的是，我們的身體每天都能感覺到重力。不管好壞，重力都對我們的生活有重大影響，我們會摔落是因為重力，但也幸好有重力我們才能留在地球上。

1　其他三種物理學的基本力為電磁力、弱作用力（相較於電磁力是較小的交互作用力，作用於原子核內的微中子等粒子，引發放射性原子核衰變等）和強作用力（相較於電磁力是較強大的交互作用力，使質子與中子形成原子核的力）。

小孩就算跌倒也不會多嚴重

當我們還是小孩時，就算跌倒也不會多嚴重。孩童總是在跌倒、爬起來，但也不常見到多嚴重的傷害，那是因為與成年人相比，小孩的骨頭和關節更加靈活，體積也比較小。除此之外，他們因為比較矮小，跌倒時距離地面較近，所以加速時間較短。而我們隨著年紀漸長，跌倒的可能性就變低，這也很合理，因為年紀愈大，跌倒的危害就愈大，所以我們會較為小心謹慎。

根據德國聯邦統計局（StatistischesBundesamt）的資料，可以看到每年約有 1 萬人的死因是在家中跌倒，其中大部分是打掃時發生意外。這個數字比死於車禍（每年約 3,500人）的人數還多不少。這帶給我們一個很清楚的結論：如果想要活下去，那就停止打掃吧！

重力也可能是個危險故事。這故事要從艾薩克・牛頓（Isaac Newton）和他的蘋果開始說起（你一定聽過 1665年夏天躺在樹下的牛頓想知道蘋果為什麼總是掉到地上的這個傳說。有記載甚至提到蘋果的品種據說是「肯特之花」〔Flower of Kent〕）。

　　事實上，牛頓所提出的萬有引力定律（Newton's Law of Universal Gravitation）是重力首次被公式化。在此之前，關於身體為什麼會倒下的理論非常多樣。希臘人（最知名的是亞里斯多德〔Aristotele, 384 ～ 322B.C.〕）將宇宙視為一個完美的封閉系統，運動通常被當做是一個需要推進的過程，「物質」是火、水、土和風的混合物。根據這個理論，由土元素和水元素組成的重物會傾向於地球，它們愈重就墜落的愈快；而風元素和火元素則向上運動。

　　亞里斯多德的世界觀延續了兩千多年，因為它非常符合日常生活經驗，所有領域（宇宙、運動、物質）顯然都互有關聯，毫不衝突。有些人提出撼動細節的理論，像是尼古拉·哥白尼（Nicolaus Copernicus）發現地球是繞著太陽旋轉的幾顆行星之一，動搖了整個概念，但因為亞里斯多德的言論代表的是整個天主教會的態度，所以這個理論也被堅持延續下去。到了中世紀，阿拉伯學者進一步發展出群體之間具有力量的理論，但這些發展仍然沒有在西方世界留下深刻影響。

整罐巧克力醬不會掉得更快

　　但後來伽利略（Galileo Galilei）出現了。17 世紀初，伽利略的出現預示了我們現今所認識的物理學的開端。他是最早進行物理實驗的人之一，例如，自由落體的實驗。伽利略利用巧妙的思考實驗，質疑當時盛行的學説，他最著名的思考實驗是：根據亞里斯多德的説法，較重的物體落下的速度會比較輕的物體快。

　　但如果將較輕的物體（例如，1 片巧克力磚）放在較重的物體（例如，玻璃罐裝的能多益〔Nutella〕榛果巧克力醬）下面，並同時放手讓兩者向下掉，會發生什麼事？一方面，巧克力磚應該會減緩整罐榛果巧克力醬落下的速度；另一方面，巧克力磚和玻璃罐裝的榛果巧克力醬（希望你會堅持用思考實驗而非實際實驗來守護珍貴的內容物！）會一起形成一個更重的物體，應該會比單一罐榛果巧克力醬落下的速度更快。這顯然很矛盾！這讓伽利略意識到，如果可以忽略空中的阻力，所有物體都會以相同的速度落下。

　　然而，研究牛頓重力理論的人數顯然多過研究伽利略的。1687 年，牛頓出版了主要著作《自然哲學的數學原理》

（*PhilosophiœNaturalis Principia Mathematica*），這部
著作對物理學的重要性不可小覷。[2]在這本書中，牛頓「幾乎」
論及整個力學領域，並提供工具，幾乎每種運動都要計算。
每位物理系學生第一學期的課程幾乎完全是在應用牛頓力學，
並學會欣賞這所有基於著名的牛頓三大運動定律的內容。

萬有引力定律的第一次出現，是在牛頓這本著作裡，以
數學來說明「肯特之花」這種蘋果的掉落和繞著太陽運轉的行
星。這也顯示出牛頓的公式與伽利略的開創性觀察是一致的。

現在終於要來介紹它們了，先為大家介紹物理學四種基
本力之一的第一個公式：

$$F_G = G \, \frac{m_1 \, m_2}{r^{\,2}}$$

如果想確切了解公式並知道如何計算，建議閱讀本章末
尾「給聰明人」的段落。對其他人來說，只要知道重點是引

---

2 我們當然不想遺漏任何重要人物，在牛頓之前，天文學家約翰尼斯·克卜
  勒（Johannes Kepler, 1571 ～ 1630）已經發展出描述行星運動軌道的
  三個重要定律；羅伯特·虎克（Robert Hooke, 1635 ～ 1703）認為兩
  個質量之間的引力與它們之間的距離平方成反比。兩者皆有助於牛頓對萬
  有引力的思考。

力與兩個相關物體的質量及距離有關，因為引力不僅會影響行星，也會影響所有具有質量的物體，例如，一頭大象、你的汽車、每個空氣分子和一個裝滿屋頂瓦片的桶子，當然我們自己本身也會受到影響。

餐桌邊的引力

我們撰寫這章時，一起坐在餐桌邊想著：其實應該可以算出我們兩人之間的萬有引力吧！只需要把我們的體重和距離帶入公式就好，我們也的確這麼做了，並算出兩人（體重80公斤的馬庫斯和65公斤的茱蒂絲）相距1公尺對坐時，我們之間的引力是整整 0.0000003364 牛頓，相當僅重 34 微克，所以非常微小。所以不需要太費力就可以克服這種引力把椅子向後滑得更遠一點或去廚房倒杯咖啡。

早上起床煮咖啡會感覺比較困難，我們對抗的是舒適的床鋪的引力，特別是還有地球的引力，後者的質量也可以用萬有引力定律來計算。我們利用公式簡單計算，可以得出地球重達 5.965×10^{24} 公斤。聽起來很重，我們根本毫無招架

之力，但就算地球非常重，和我們也是平等的，因為力是作用在兩個物體之間，當地球吸引我們的時候，我們也正吸引著地球。

達爾文獎和重力

很不幸的是，如果跌倒了，重力對我們幾乎沒有用。很多轟動一時與重力有關的故事都以死亡告終，例如，某位律師撞到 24 樓的窗戶上，只為證明窗戶很堅固（事實並非如此）；或是某位司機在塞車時想靠路肩快速脫離車陣，他越過了防撞護欄卻沒看到那裡是深谷。二十多年來，達爾文獎[3]團隊一直在收集和頒發「最愚蠢」死亡的獎項，前文兩個例子也是來自其得獎名單。達爾文獎的得獎原因並非總是與重力有關，其中一個因素是得獎者死於自己的愚蠢，但因為重

3　譯註： Darwin Awards，帶有玩笑性質的獎項，透過網友投票，以平均得分最高的事件為該年度得獎者。該獎項以發現生物演化的達爾文為名，是因為得主均已逝世或永久失去生育能力，讓自己愚蠢的基因無法再傳播出去，對人類進化做出偉大貢獻。

力無所不在,所以經常是造成死亡的因素。

　　物理上有趣的是,我們還是不知道引力的運作方式。身體顯然會相互吸引,但究竟是怎麼做到的呢?我們知道物理學的其他基本力的成因,像是電磁力是基於粒子的交互作用,也就是將力從 A 傳遞到 B,例如,光粒子(Light Particle)、光子(Photon)。引力也是這樣運作的嗎?科學家認為是這樣,而且他們會將其稱為「重力子」(Graviton)。

　　根據各種理論來看,重力子本身沒有質量,但具有一定的「內在角動量[4]」(Intrinsic Angular Momentum)。現在還沒有發現重力子,不過我們很肯定引力也會如同愛因斯坦在廣義相對論中推測的那樣,是用光速傳播。幾年前甚至有機會首次量測引力波(Gravitational Waves):例如,當兩個距離地球約 100 萬光年的黑洞融合時,就會產生引力波,如此一來就會導致時空扭曲。愛因斯坦也會對此感到驚訝,他從未想過可以進行這種精度的量測。

4　譯註:角動量是與物體的位置向量和動量相關的物理量。

為什麼食物會飄在國際太空站裡？

我們想挑戰不受重力影響的目標還沒有絲毫進展，也許外太空是關鍵點。因為那裡沒有重力，對吧？其實認為外太空沒有重力是個常見的誤解，例如，《斯圖加特報》（*StuttgarterNachrichten*）兒童版的文章就聲稱：「重力在外太空沒有作用，所以太空人的食物才會飄浮著。」這篇文章的用意是要向讀者說明為什麼太空人的三明治不會好好擺在盤子上，而是飄浮在國際太空站裡。我們只能說：「孩子們，不要相信他們說的話（當然不是指所有媒體的言論，僅限於這種特殊狀況）！」重力作用於整個宇宙，到處都受重力影響。重力必須要有這個作用，不然整個太陽系的行星都會愉快的分開。

當你離地球愈遠，受到的重力牽引的確會愈小。國際太空站在距離地球 420 公里的外太空繞圈，所受到的重力當然比在地球上小，利用萬有引力定律就可以很容易算出少了 12%。由此可見，相較於將國際太空站停在奧樂齊超市（Aldi）前，其在外太空受到的重力少了 12%，不過也還有88%。

這還不夠讓人驚訝嗎？為什麼國際太空站不會掉下去？因為它飛得太快了。國際太空站以極快的速度飛行，如果沒有重力，它將會一直無止境地往前狂飛。有重力對太空人有好處，因為這樣就會不斷將國際太空站往地球拉一點，讓其飛行軌道稍微彎曲。在適當的速度下，國際太空站的運動和重力會互相平衡，如此一來，國際太空站就會在圍繞地球的美麗環狀軌道上飛行。

幾乎是這樣。

重力總是獲勝的一方，在這種情況下也是這樣，因為如此，國際太空站才需要不時加速以免脫軌。如果你長期觀察國際太空站的飛行高度，會看起來像下圖這樣：

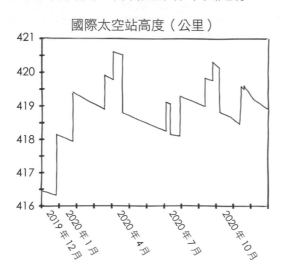

國際太空站高度（公里）

　　國際太空站的啟動始於曲線垂直上升的地方，因為就算在離地表 420 公里的地方飛行，國際太空站也要應付一定的流動阻力。那裡還有一種大氣層，就算比地球的還「稀薄」不少，這種大氣阻力還是會產生摩擦，導致國際太空站減速，所以國際太空站才需要每幾週加速一次，讓自己回到正確高度，否則它肯定會緩慢的失速，這也是我們在前面圖中看到線條略微向下掉的原因。國際太空站和地球的距離會縮短，直到下次啟動引擎加速移動。如果沒有偶爾推進，國際太空站將愈來愈靠近地球旋轉，直到最後墜毀。

　　現在，我們當然還是想知道為什麼太空人的食物會飄浮。不僅是食物會飄浮，太空人也會飄在空中翻跟斗，如果他們想睡覺就得綁好安全帶。人在國際太空站裡是失重的，但這不是因為那裡沒有重力，那裡其實是有重力的。

　　先前提到國際太空站受地球重力牽引會變小的原則，不只適用國際太空站，站內的一切也是，太空人的三明治以每秒 7.66 公里的速度繞著地球飛行，承受著與國際太空站一樣的離心力。不過，就像國際太空站一樣，太空人的三明治也受到地球重力的牽引，離心力和重力會相互抵消，所以和國際太空站相比，三明治看起來像是靜止的，飄浮在空中。嚴

格來說，如果推一下三明治，它就不會再以和國際太空站相同的速度運行，應該會因為這樣而遠離或接近地球。然而，推動三明治所造成的影響微乎其微，根本不會被注意到。

　　這是一件好事，因為對太空人來說，食物非常重要。畢竟要在外太空待好幾個月，要是食物不好吃也不能外出採購。NASA 有個「太空食物系統實驗室」（Space Food Systems Laboratory），用來開發耐放和美味的食物，太空人可以選擇自己要帶的物品，他們從食物中獲得的飽足感會與重力有關。我們吃下肚的東西通常會在胃部消化，會有所謂的接收器告訴身體說有東西到了，但當食物飄浮在胃裡時，不太會發生這種事，所以飽足感之後才會出現（只有胃稍微撐飽時才會發生）。

重力雞尾酒

　　最近在朋友生日派對上，看到一種只能靠重力調製而成的雞尾酒（是的，沒錯，嚴格來說，每杯飲料都是因為重力而留在杯子裡，但這款雞尾酒尤其需要重力。）做法及材料如下。

材料：

- 柳橙汁
- 用食用色素染成藍色的氣泡酒或氣泡水
- 用食用色素染成綠色的氣泡酒或氣泡水
- 石榴糖漿（或紅色糖漿也可以）

做法：

　　將一些柳橙汁倒進玻璃杯，然後用湯匙把糖漿緩緩倒入，最好把湯匙貼在柳橙汁和玻璃杯接觸的表面下方一點點，再徐徐倒入。因為糖漿含糖量高，所以比柳橙汁重，會沉到玻璃杯底部。用相同的方式，陸續將藍色和綠色的氣泡酒（或氣泡水）倒入玻璃杯中，這兩種材料含有的糖比果汁少，所以會浮在果汁上。現在，你有了一杯美麗且色彩繽紛的分層雞尾酒。

　　只有攪拌後，才會消弭密度差異，顏色就會交融在一起。如果用力攪拌，氣泡酒或氣泡水可能還會釋出二氧化碳，喝這杯雞尾酒時，舌頭就不會有刺刺的感覺。自然界也有類似的東西，但它一點都不有趣，反而會奪人性命。1986 年，非洲喀麥隆（Cameroon）有 1,700 人因為湖泊釋放大量二氧化碳而喪命。

這座很深的湖泊名為尼奧斯湖（Lake Nyos），較深處的湖水含有極高濃度的二氧化碳，因為其處於高壓之下。你可以把這處湖水想像一瓶螺紋玻璃罐裝的汽水，湖泊現在因為某種原因被攪動，例如山崩或小地震，那麼含有二氧化碳的湖水就會升到湖泊最高處，這裡的壓力比較低，二氧化碳不能繼續溶於水中故變成氣態。氣體將湖水往上拉升，使湖面發生巨大變化。

1986 年，160 萬噸二氧化碳進入空氣中，湧進兩座相鄰的山谷，造成許多人和動物喪命。這個地區現在成了管制區，湖中垂直置放了長長的管子，所以不會永遠都是那種狀態。帶有二氧化碳的湖水會從管子噴湧而出，形成一個 40 公尺高的持久間歇泉，而湖中的二氧化碳含量則會持續減少。

逃離重力

人類有什麼辦法可以逃離重力嗎？其實有的，這裡提出三種可能：

- **拋物線飛行**：NASA 太空人練習失重的方式，是飛機全增壓起飛後，關閉引擎並在空中畫出一條拋物線，先向上飛再向地面掉落，在這 25 ～ 30 秒內，機艙內的人是失重的。飛行員會再次全增壓起飛，不讓飛機真的落地，機艙內的乘客會緊貼在地板上，直到下次失重，每次拋物線飛行會重複這個過程約 30 次。一般人可以支付數千歐元來體驗這種失重感，不過大家都會有一個共同點，就是常會不舒服。在飛行前，乘客會服用藥物來舒緩胃部，不過這些飛機還是被人蔑稱為「催吐轟炸機」。

- **前往地心**：如果你覺得胃不舒服，那麼或許會更喜歡我們介紹的這個失重可能。這個做法會讓你被向左和向右、向上和向下、向前和向後拉的力量都一樣，來自地球任一方向的重力全部正好互相抵消。但遺憾的是，你既無法忍受高出 360 萬倍的壓力，也無法耐過攝氏 7,000 度的高溫。那麼還是寧願用「拋物線飛行」那種會噁心想吐的方法好了。

- **拉格朗日點**（Lagrangian point）：這是個內線消息，想逃離地球重力的人切不可忘記，不管逃到哪裡太陽都還在。太陽的質量是地球的 30 萬倍，而且除非藉助地

球的幫忙,否則我們幾乎無法抵抗太陽的重力。太陽和
地球兩者的引力和物體運行時的離心力,會正好在外太
空的幾個地方互相抵消,那些地方與太陽和地球間的距
離始終不變,它們的數量很少,一隻手都數得出來,正
好就是 5 個。這幾個地方就是拉格朗日點,它們的位置
可以被精確計算甚至技術推導出來。

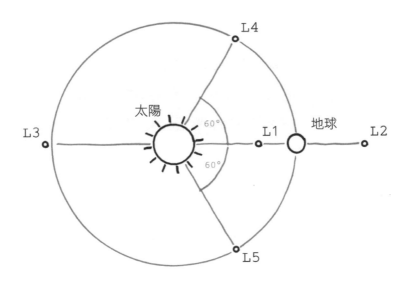

哈勃太空望遠鏡(Hubble Space Telescope)的繼
任者「詹姆斯·韋伯太空望遠鏡」(James Webb Space

Telescope）將被送到拉格朗日點 L2。它的優點是不必像一般電視衛星永遠繞著地球運行，不過還是能藉著地球來遮擋太陽光。另一個拉格朗日點 L3 點長期以來吸引著科幻作家的想像力。從地球上來看，L3 點正好位於太陽後面，許多電影和書籍把 L3 點當成最有可能出現地球對稱星球的地點，認為那裡可能會有一顆與地球一模一樣的行星，不過因為總在太陽另一邊與地球精準對稱著，所以我們從未看過。

這種看法在物理上是說不通的，如果那裡有另一個地球，那麼它的質量就具有自身引力，如此一來就會讓整個宇宙系統失去平衡。不過就算這樣，這種想法還是帶來了一些有趣的故事，例如，1969 年的電影《疊魔驚潮》（*Journey to the Far Side of the Sun*）描述太空人降落在對稱地球上，發現那裡的一切都和我們在地球上一模一樣，只是相反過來而已，房間裡的家具在另一側，身體裡的器官在另一邊；德國童書《烏爾梅爾飛進外太空》（*Urmel fliegt ins All*）裡甚至還有一顆行星名為 Arutuf，倒過來就是 Futura（未來）。或許那個星球還受到一種向後的重力影響。所以其實有對稱的另一顆行星這種想法純粹就是理論而已。

我們在現在這顆地球上，並無法逃離重力。當我們回想

重力給我們帶來什麼災禍時，想到馬庫斯學校樂隊的歌手漢寧‧提默爾（Henning Timmer）。幾十年前，他走在我們城鎮的街道上時，有張沙發從樓上往他身上砸，不過還好不像你想像的卡通荒謬片段，沙發其實和他擦身而過，他就這樣驚慌失措的逃開了。真是太幸運了！因為當沙發這樣掉下來時，就已經被重力牢牢控制住，我們根本無力抗衡。

破壞日常生活的係數	● ● ● ● ○
提高工作效率的係數	● ● ● ○ ○
致災潛力	● ● ● ● ●

給聰明人——萬有引力定律

$$F_G = G\,\frac{m_1\,m_2}{r^2}$$

當我們想把這個過程用公式來推導時，看起來會像前文這個公式，這也就是萬有引力定律。這條定律到底表示了什麼呢？它所敘述的是兩個物體之間的引力與自身質量有關。在物理學中，力總被稱為「F」，也就是「Force」（力量）的縮寫，而重力的縮寫則是 Fg。

利用這個公式，我們算出一個人和其所在星球之間的引力有多強。我們利用這個公式來從頭計算，等式右邊的 G 是個非常微小的不變常數，在實驗室極度努力之下，總算測出其值為 $6.67430 \times 10^{-11} \text{m}^3/\,(\text{kg s}^2)$。對我們來說，更有趣的是其中相關的物體質量，也就是人和星球的質量，即公式中的 m_1 和 m_2。

質量愈大，引力愈大，所以萬有引力和質量成正比。如果地球只有一半重，那麼清晨查看的時候，磅秤也只會顯示一半的重量。

兩個質量之間的距離當然也必須有所表示，在這公式裡

稱爲 r。物體愈靠近，兩者間的引力就愈大。距離計算是從重心開始測量的，以星球來說就是從地心開始。

如果地球的半徑只有相同質量物體的一半，我們就會自動更靠近它的重心，引力就會大幅增加。而且不只這樣！公式是 r^2，所以半徑只有一半的地球，引力會是 4 倍。這也就是在密度非常高的中子星 [5] 附近會那麼不舒服的原因。

如果你是站在火星上，那麼感覺會好一點：這顆紅色星球的質量只有地球的十分之一左右，大幅降低你對火星地面的引力。同時，因爲火星只有地球的一半大，重心離你更近，作用力被抵消了一點。總而言之，這些效應讓我們在火星上量體重只會有在地球上量的 0.38 倍，也許有一天我們的後代子孫可以飛到那裡去量看看。

---

5 譯註：Neutron Star，宇宙中除了黑洞密度最大的星體，是恆星演化到末期重力崩潰發生超新星爆炸後的恆星殘骸，其內部壓力非常巨大。

6 兒童房的溫室效應

【光與熱】

> 為什麼窗戶可以讓光線透進來,卻不能讓熱氣散
> 出去,這樣會對地球造成什麼危害呢?

　　我們搬進新家時,最期待的就是大面的窗戶、採光明亮
的房間。我們終於擺脫陰暗的閣樓公寓,住進附帶花園的明
亮連棟住宅。有花園是不錯,但客廳有著整面落地窗,經由
一扇玻璃門就可以直接走到露台上,這對我們的孩子來說顯
然太亮了,他們一開始就先在客廳裡蓋了個祕密洞穴,頂樓
的兒童房也因此一直空著。

　　孩子的爺爺、奶奶另外拿了將近 1 平方公尺的泡棉遊戲
墊過來,上面鋪著自己縫製的布罩,小孩利用遊戲墊、椅子
和很多件毯子蓋了一間很棒的屋中屋,只有出來拿椒鹽脆餅
棒、吐司餅乾或巧克力棒進洞穴的時候,他們才會露面。

　　3 天後,洞穴裡的狀態顯然已經讓小居民感到不舒服,

兒子解釋說：「裡面需要用吸塵器打掃一下，但是你不能拆掉它。」

　　洞穴又倖存了 3 天，就在女兒不小心坐在一根半融的巧克力棒上面之後，孩子們允許我們把洞穴拆了。我們把那些遊戲墊收拾在一起，但是當女兒把最後一片遊戲墊從窗戶拉下來時，她大叫一聲：「玻璃破了！」真的，落地窗上有一條很長的裂縫。我們對孩子很生氣，認為一定是他們玩耍時用積木之類的玩具撞到窗戶，但他們發誓拿進洞穴的東西最硬的就是麵包餅乾。

　　於是我們的怒火轉向建商，畢竟這是棟新屋，還在保固期內。我們打電話向建商抱怨，並更換了玻璃。但相安無事沒多久，幾週後換兒童房的窗戶出現裂痕，這個房間也是有一大面落地窗。這次我們根本沒有懷疑孩子們，而是直接質疑建商，他們到底裝的是什麼爛窗戶。

　　但是當我們再次打電話向建商投訴時，對方拒絕對此負責，電話那頭的女人牛氣的問：「你是不是把枕頭之類的什麼東西放在窗戶上？」這時馬庫斯正拿著電話站在兒童房中間，真的有片先前用來蓋洞穴的遊戲墊正靠在那面有裂痕的窗戶上，那一刻馬庫斯的臉和那片遊戲墊一樣紅通通。我們

不好意思的掛斷電話，並且把遊戲墊移開。罩在遊戲墊上的布料很暖和，那時剛步入夏天，陽光透過窗玻璃照了進來，遊戲墊顯然被陽光曬熱了，但窗戶對此無法承受。

為什麼窗玻璃可以承受外面的溫暖陽光，卻無法承受溫暖的遊戲墊呢？想知道這個問題的答案，我們得深入了解物理學。探討到最後，我們甚至可以藉由靠在窗玻璃上的遊戲墊，來明白為什麼地球受到氣候變化的威脅。

讓我們從頭開始說明：陽光落在兒童房的窗戶上時，玻璃能讓光線不受阻礙的穿透而過（這也正是玻璃的用處）。但我們必須第一次仔細的看看這裡，因為陽光根本不存在。陽光是由全光譜的波長組成，我們肉眼可以看到其中一些，並非全部可見。就如下圖所示，我們其實只能看到灑落地球表面光線的一小部分。

水平軸顯示以奈米（nm，十億分之一公尺）為單位的光波波長，垂直軸則顯示這種光到達地球的輻射量，我們看到的只有灰色區域，這種可見光的波長大約是 380～780 奈米，其帶有非常多能量，甚至比太陽光的其他波長加起來還多。

太陽輻射強度（單位：瓦特／〔m²μm〕）

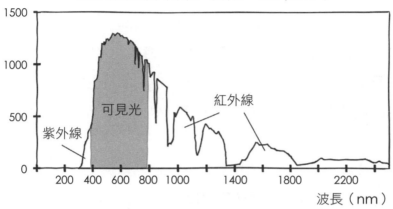

在圖片左下角、可見光旁邊，可以看到有個區域是帶有紫外線。只有當它讓我們的皮膚曬傷變紅或讓霓虹燈發亮時，我們才能間接看到這種光。在圖中可見光的右側，開始出現一大片紅外線，這種光頻對我們無害，而且我們也看不到。有些品種的蛇在這點上比我們厲害，牠們具有所謂的「頰窩器官」（Pit Organ），可以感知到紅外線輻射。這些動物可以看到周圍的一種熱像，對夜間狩獵來說非常有用。蛇頭上的頰窩器官很容易看到，是由左右兩個鼻孔和眼睛中間的兩條小凹痕所組成。

可惜我們人類並沒有這種器官，但我們有熱像儀，有了這個，我們就可以發現屋頂上的熱量洩漏，或只是用來拍一些有趣的照片，你可以從照片中發現鼻尖的溫度比前額還低。如果你喜歡動手並想嘗試一下，可以在網路上找到如何將普通的電腦網路攝影鏡頭轉換成紅外線攝影鏡頭的說明。因為這些網路攝影鏡頭通常有一個濾光片可以過濾掉紅外線，如果你拿掉這個濾光片，就能獲得一個熱像儀。或者，你也可以替自己的手機安裝熱像儀配件。

如果我們將熱像儀對準窗玻璃上的遊戲墊，可以清楚看到我們先前已經感覺到的：布罩真的非常暖和。這是因為陽光的所有光線都很容易穿過我們的窗戶，但穿過來後，撞到了窗戶內的紅色遊戲墊，遊戲墊和玻璃不一樣，它不會讓紅外線通過。遊戲墊會反射來自太陽的紅光（這也是遊戲墊看起來是紅色的原因），吸收其他部分：遊戲墊吸收了光。光的傳播因此被遊戲墊阻擋下來，但能量卻被保留下來存在遊戲墊中，導致遊戲墊愈來愈熱。

現在，遊戲墊必須和熱量一起去某個地方。我們將這種情況和你手上裝滿熱可可的熱杯子做比較。杯子有幾種方法可以擺脫杯身的熱量，例如：

1. 杯子很容易將熱量傳導到你的手指上,只要杯壁上的原子快速震動,就會將它們的動能傳遞到手指的皮膚上,這也就是所謂的**熱傳導**。

2. 暖空氣從熱可可上方升起,冷空氣從側面移入,接觸到溫暖的熱可可,在那裡透過熱傳導再次升溫,然後再度上升,這種透過空氣運動產生的熱量分布稱為**對流**。對流非常重要,這樣家裡的暖氣機才能將熱量發散到屋中各處。

如果只有這兩種傳遞熱量的方式,那我們就可以建立完美的絕緣機制:把熱可可倒入密封性非常好的罐子裡,關緊,然後用很細(而且很不導熱)的線將罐子掛在真空罩裡,再吸出所有空氣。搞定!

3. **熱輻射**。不管我們是否願意，身體都會發出電磁輻射，像熱可可就是發散紅外線輻射。你可以說這是我們看不到的紅外線，所以熱可可會在密封杯裡失去愈來愈多能量，也就是所謂的熱量。這種情況會持續到所有熱量都沒了嗎？不全然是這樣。因為所有物體都會發出熱輻射，所以真空罩和所處的整個房間也會發出熱輻射，這樣熱可可也就會吸收熱輻射，它的溫度只會繼續降低，直到和周邊溫度一樣。透過熱輻射損失和吸收的熱量會互相抵消，最後房間內的所有物體會呈現熱平衡狀態。

　　熱輻射是一種複雜的交換過程，雖然人們試圖用公式來計算不同溫度下，物體會發出多少和哪些能量，但直到19世紀末都沒有成功。1900年，著名的德國物理學家馬克斯・普朗克（Max Planck）首次成功利用他的普朗克定律（Plancksches Strahlungsgesetz）將此模型化。

　　普朗克的發現是一場革命，因為那時候很多物理學家都以為自己已經完全了解這個世界。當普朗克開始研習物理學時，被告知幾乎所有東西都已經被研究過，之後能做的只有

縮小微不足道的差距。但這是錯的。普朗克不只設法用他的公式毫無矛盾的涵蓋其他所有已知和熱輻射的聯繫，還無意中發現了新的自然常數（Natural Constant）：當時已經知道是光速（後文的公式用 c 代表）和波茲曼因子（Boltzmann Factor）「k」。

在普朗克這裡，第一次出現了普朗克常數「h」，他的計算包含了這個非常微小的數字，意味著這個公式可以用來精確計算物體輻射的熱量有多少。順帶一提，這也是量子物理學的誕生時刻，不過這是後來才逐漸彰顯出來的。普朗克定律的公式如下：

$$B_v\,(T) = \frac{2hv^3}{c^2}\,\frac{1}{e^{\,hv/kT}-1}$$

看起來很恐怖嗎？別怕，它和多數的公式一樣，敘述相當合理，表示具有特定溫度的物體會總是在特定波長範圍內輻射能量。普朗克在這裡用了一個虛構的「理想黑體（Blackbody）」，將太陽的溫度（約攝氏 6,000 度）代入公式，得到的輻射光譜就會類似於 113 頁的圖，顯示出可見和不可見的陽光。

我們那溫暖的遊戲墊也是會散發能量的物體，可惜無法

精準測量它的溫度,因為我們發現它時玻璃已經破裂,這時候再測量為時已晚。不過我們可以估算(物理學家在毫無頭緒時,總喜歡推測),推論如下:我們家的窗戶用的是一般雙層中空玻璃,這種玻璃可以承受在不同地方不同程度的加熱,而早上太陽是照射在左上角,然後慢慢下移,但玻璃能承受的熱度差異也是有限的。

根據玻璃製造商的說法,我們家窗玻璃的抗熱震性(Thermal Shock Resistance)是攝氏 40 度,也就是當左上角的玻璃是攝氏 20 度(正常室溫)、右下角是攝氏 60 度時,我們不必擔心玻璃會破掉。就我們家的情況來說,溫差一定更大,因為玻璃裂了。所以,讓我們假設遊戲墊已經將右下角的窗戶加熱到攝氏 70 度。

現在我們將攝氏 70 度代入普朗克的公式,會看到遊戲墊在波長 8,500 奈米處發散的熱量最多,而這種輻射主要衝撞的地方是遊戲墊靠著的窗戶。遊戲墊暫時解決了自身能量的問題,任務完成,熱量成功發散出去了。

不幸的是,現在窗戶出問題了,它根本處理不了遊戲墊發出的輻射波,8,500 奈米是純粹的熱輻射,根本不在可見光的範圍內。我們這間嶄新明亮、採光良好的連棟房屋,安

裝的當然是可以保持室內熱量的節能窗。

窗戶璃透光度（厚度 10mm）

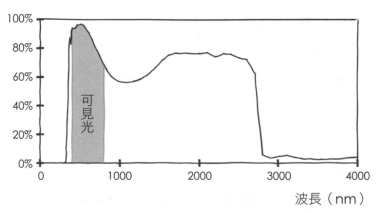

波長（nm）

上圖[1]可以看出現代玻璃的透光度，幸好來自屋外的陽光可見光波長是 380 ～ 780 奈米，可以穿透玻璃，所以屋子裡非常明亮。穿透玻璃進到屋裡的，還有很大一部分是我們看不見的紅外線（這也是你可以用紅外線遙控器越過窗玻璃開啟電視的原因）。不過看一下上圖，我們只能看到右側邊緣波長 4,000 奈米以下的情況，而玻璃幾乎不會讓波長超過

1　資料來源：M. Rubin. Optical properties of soda lime silica glasses, *Sol. Energy Mater.* 12, 275–288 (1985).

4,000 奈米的光波通過。這個情形同樣適用於更長的波長，我們那片遊戲墊的輻射波是 8,500 奈米，根本無法穿過窗玻璃。簡單來說，就是窗玻璃可以讓陽光透進屋裡，但不會讓熱量散出屋外。[2]

遊戲墊當然沒有注意到任何東西，只是一直散發熱量。能量聚在遊戲墊靠在窗戶上的地方，那裡的玻璃愈來愈熱。這個時候玻璃在做什麼呢？它試圖像變暖熱的物體一樣膨脹，但玻璃的伸縮空間不大，它變得愈來愈緊繃，最終迸開。

你可以在破壞性實驗（Destructive Experiment）中，透過將沸騰的熱水快速倒入玻璃水杯中來模擬這種效果（當然要將玻璃杯放在水槽或水桶中，不要拿在手上）。除非你用來實驗的是強化的拿鐵瑪奇朵玻璃杯或壁面超厚的玻璃果醬罐，否則它很可能會爆裂。在你將熱水倒入玻璃杯中時，杯子會瞬間變得非常熱，它想膨脹但卻速度不夠快，這就是玻璃杯會爆裂的原因。相反的，如果你將熱水慢慢倒入玻璃杯中，偶爾停下來等一下，玻璃杯就會完好無缺。

2　這對烤箱玻璃門來說當然是一件好事，它根本不應該讓熱量穿透出去。

義大利麵醬災難

　　不久前，我們忍不住自己做了這個實驗。我們這個物理辦公室的習慣是每週三會舉行團隊聚餐，大家輪流替辦公室同事帶午餐或直接在辦公室料理。這裡沒有配備齊全的廚房，我們的小廚房只有水槽、冰箱和兩個電爐。

　　我們有一道菜得加熱義大利麵醬（是非常好吃的起司奶油蘑菇佐小番茄），但不幸是的這美味的醬汁裝在玻璃鍋裡，雖然鍋子適用於烤箱，但顯然無法負荷我們電爐 9 級火力帶來的局部熱量。玻璃鍋裂開了，繞著鍋子約三分之一高度的地方出現了一條裂縫，奶油醬從擺放電爐的冰箱上灑到地板。幸好我們的櫃子裡總有一罐青醬。

　　但還有比義大利麵醬灑出來更慘的事！陽光照進來，熱氣散不出去，你想到什麼了嗎？沒錯，就是溫室效應。我們地球上的這個現象和兒童房窗玻璃上的一樣，差別是地球上的是氣體而非玻璃。我們在地球上產生、收集的各種大氣氣體擔負著和窗玻璃一樣的作用，其中包含二氧化碳、甲烷、氮氧化物和水蒸氣等。雖然這些氣體占大氣比例不到 1%，但能確保來自地球的熱量不會再輻射到外太空，而是被氣體層

吸收，然後向各個方向輻射，也會回到地球上，導致地球變得愈來愈暖和。

溫室地球：氣體取代玻璃

水蒸氣也是一種造成溫室效應的氣體，引發大約三分之二的自然溫室效應。這是個惡性循環的一部分，因為氣候變遷，海水和其他水體正在變暖，而它們愈暖和，就會蒸發愈多水，進到大氣中的水蒸氣就會愈多，但大氣能吸收的水蒸氣有限，所以大氣就會變得愈暖和，以吸納更多水蒸氣。不過較多的水蒸氣讓熱量無法釋放到外太空去，反而將熱量輻射回地球。地球變得更暖和了，然後更多水分被蒸發了。這是個積極的反饋、自我強化的過程，將地球像個溫室一樣不斷加熱。

園丁們也因此知道，花園中的溫室要想無害必須要一直保持通風，並裝設遮陽用的百葉窗或簾子。很久以前，茱蒂絲的爸媽親身體驗了沒有隔熱的溫室會發生什麼事。他們在建築師的幫助下，於車庫屋頂上蓋了溫室。這不是現成的小

溫室花園，而是由梁柱和玻璃組成的獨立現代建築，幾乎占了整個車庫屋頂，還可以從屋子的樓上進出。

這裡應該要有會冬眠的大型盆栽，否則露臺上只有一棵檸檬樹、一棵橄欖樹、和一大叢開著淡藍色花朵的藍雪花，所有植物都來自溫暖地區，應該是不喜歡德國的冬天。照著這個想法，這些植物在溫室裡會有適宜的溫度和充足的光線。

就光線來説是沒錯。

但就溫度而言，建築師完全低估了溫室效應的影響。植物根本如同被火烤，就算冬天也是一樣，只要幾絲陽光就足以將車庫屋頂上的空間變成死亡地區。而這個特殊溫室的玻璃牆面是傾斜的，替太陽提供了特別大的照射區域的這個事實，更是加強了這種效果。

溫室建好的第一個冬天過後，茱蒂絲的爸媽清理掉被燒焦的灌木叢，重新買了新植物，而且利用百葉窗來改造玻璃屋。往後幾年，溫室就這樣繼續它的任務。不幸的是，隨著時間過去，出現了另一個問題，是關於把沉重的盆栽運送到屋頂上。我們要討論的不是那種可以直接拿著上樓的小花盆，而是種在裝有 500 公升土壤的陶盆裡、總重估計有 750 公斤的檸檬樹植栽。

　　建築師為此設置了 1 組滑輪，車庫牆面上立了根桿子，頂部有個穿有繩子的滑輪。茱蒂絲的爸媽就這樣將沉重的盆栽運送到車庫屋頂上的溫室。她爸爸在下面把盆栽固定好往上拉，她媽媽站在車庫屋頂上把盆栽取走。某天，那個桿子一定是被鬆動了。當茱蒂絲的媽媽正要拿拉上車庫屋頂的盆栽時，那根桿子突然斷掉，她整個人從車庫屋頂上掉下來，幸好樓下不只有茱蒂絲的健壯爸爸，還有 1 輛裝了土的獨輪推車，茱蒂絲的媽媽剛好掉到裡面，毫髮無傷。雖然媽媽沒有受傷，但從那天起，就沒有花盆被從車庫運送上樓。

　　溫室後來又進行了另一次翻新，有部分玻璃被用隔熱的實心牆取代，因為家裡也正好缺了一間書房。檸檬樹現在被放在車庫裡過冬，用一盞模擬地中海陽光的植物燈從早上 8 點照射到下午 6 點。整個冬天橄欖樹都放在外面的露臺上，到目前都還倖存著，在這種環境下，氣候變遷給了它不少助益。

破壞日常生活的係數	●●●○○
提高工作效率的係數	●●○○○
致災潛力	●●●●●

CHAPTER 7 車子被摩天大樓燒掉了

【會聚作用】

> 爲什麼會聚作用很危險，但卻能幫我們畫出完美眼線

　　平底鍋中的荷包蛋滋滋作響，蛋白都快凝固了，看起來很好吃的樣子。它真的很好吃，如果平底鍋不是放在倫敦市中心的汽車引擎蓋上的話。這個場景出現在 2013 年初夏的倫敦金融區，那個時候超級熱，罪魁禍首不是氣候變遷，而是高樓大廈。

　　高樓大廈通常會招惹民怨，因為它們搶走了鄰居的採光，但這次相反，它將聚集的太陽輻射往下發散，融化了自行車坐墊，讓記者也可以在汽車引擎蓋上煎雞蛋。捷豹（Jaguar）汽車的車漆也融化了，停車場不得不暫停營業。

　　英國媒體之所以將其稱為「死亡射線」（Death Rays），是因為倫敦芬喬奇街（Fenchurch Street）20 號

建築的特殊形狀，它的南面全是鏡面玻璃，而且還內凹，也就是向內彎曲。在 2013 年這是一棟革命性建築，因為長久以來，都無法蓋出一棟這麼彎曲的建築物。這棟大樓的造價也相對昂貴，耗資 2 億英鎊（約 72.5 億新台幣），倫敦人也因此得到一座 160 公尺高的摩天大樓，裡面不僅有辦公室，還設有餐廳、植物園和觀景台。

但倫敦人對此並無特別感激之情，原因可以理解。第一次的「死亡射線」意外發生在大樓施工期間。有家咖啡店的老闆告訴記者：「有位客人跟我說，我們遇上棘手的麻煩了。我走到街上，看到街邊桌座那裡有個椅墊在冒煙。」路人說他們覺得伸出去的手被燙傷了。採訪畫面裡，建築物前的街道上，有個位於遮陰處的溫度計顯示當時溫度為攝氏 46.5度。顯然，只要幾絲陽光就足以讓這座高樓大廈看起來像一面放大鏡。

以物理學的角度來看，這說法是合理的。建築物的南面由鏡面玻璃構成，向內彎曲，這就是所謂的凹面鏡。這棟大樓達成了凹面鏡的必要任務，也就是盡可能收集光線並將其聚焦在一個點上，而這個點被稱為焦點。就倫敦這棟摩天大樓的情況來看，這個名稱的確很適合。

外觀如果是平直的鏡子，就不會發生這種狀況。光如果照在正常平直的鏡子上，會以照射進來的相同角度被反射出去，因此發散出去的光會和照射進來的光一樣廣泛分布。這也就是多數高樓大廈就算有鏡面外牆，仍不會讓鄰近地區像被火烤般灼熱的原因。

而曲面鏡並不一樣。先將鏡子想像成一個完整的球體，然後在中間放上一個點狀光源，這時球體內壁會將光線精準反射回中心的點狀光源。

倫敦這棟摩天大樓的彎曲幅度當然比不上球體，但你可以把彎曲的外牆想像成球體表面的一小部分，這部分足以將光線收集在一起（所以也可以說這是凹球面鏡）。

為了知道光束射到凹面鏡時會發生什麼事，必須特別觀察光線。我們發現光線射到凹面鏡上的點根本與曲率無關，僅是根據慣有的原理反射，也就是入射角等於反射角，只有當其他光束也跟隨而至時，才會變熱，因為這些光束都在一個點相交，變成焦點。許多光線的能量都在這裡被結合在一起，然後變得非常非常溫暖……

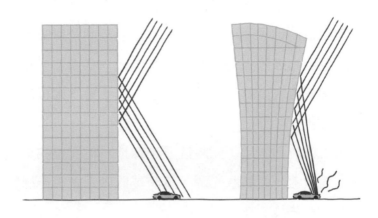

　　那棟倫敦摩天大樓鄰近街道的商家老闆在店門前搭起帶有黑色網子的鷹架，以保護自己的店面免受光線的傷害。摩天大樓也必須進行改造，在南面安裝格柵以防止陽光反射。大樓內部只會變得非常涼爽，畢竟這棟出自烏拉圭知名建築師拉斐爾‧維諾利（Rafael Viñoly）之手的大樓是特別用鏡面玻璃建造而成的。倫敦人並不喜歡這棟大樓，2015 年將英國最醜建築獎「癰盃」（Carbuncle Cup；癰是一種會有噁心化膿傷口的皮膚病）頒給了這座摩天大樓。除了死亡射線外，這棟大樓還有其他遭受批評的地方：

- 這棟大樓的所在地實際上根本沒有建設摩天大樓的規劃。
- 這棟大樓的底部窄、頂部寬，所以被取了「對講機」這個綽號。英國《衛報》更將個樣子稱為「貪婪的圖像」（Literal Diagram of Greed），只會在更高、更貴的出租樓層創造更多的空間。
- 路人和鄰居抱怨有異常的哨聲，據說是來自燈柱。
- 有人責怪這棟「對講機」造成特別強烈的陣風，不僅吹倒商店招牌和餐車，甚至還害人跌倒。這可能是從高樓吹下來的風所導致的。

此外，還有值得注意的是，建築師維諾利不僅在倫敦的摩天大廈上犯了外牆彎曲的錯誤，2010 年他在美國拉斯維加斯（Las Vegas）也建造了一座外觀類似的旅館。那裡會有一束一束的陽光直射到游泳池畔，不過它們沒有靈巧到可以調整位置去當做池水的天然加熱器，反而射到躺椅上，把塑膠夾腳拖鞋都融化了，導致度假遊客都逃到有遮陰處。更令人驚訝的是，他居然還把「對講機」設計成有曲面外牆的建築。法國哲學家尚－保羅・沙特（Jean-Paul Sartre）說的是對的，他說：「不應該同樣的蠢事做兩次，畢竟還有那麼

多選擇。」

　　我們也必須要讚許這位著名建築師，他也建設了許多沒有死亡射線的宏偉建築，其實不得不說會聚作用（Converging Action）之所以會屢次出現也很令人驚訝且意外。在我們為了撰寫這本書而做研究時，英國物理學家溫蒂‧薩德勒（Wendy Sadler）傳給我們一張照片，可以看到她的化妝鏡就嵌在窗戶上，這麼布置很有道理，因為如此一來就可以在最理想的自然光下化妝。我們可以看到照片中的木製窗框有明顯的燒灼痕跡。

　　其實化妝鏡也是凹面鏡，它的鏡面彎曲，可以帶來放大效果。三百多年前，醫生就是利用它才能仔細觀察患者的鼻子和喉嚨。而就薩德勒化妝鏡的狀況來說，凹面鏡所集中的光線對木製窗框而言，顯然太多了。薩德勒並不孤單，柏林《每日鏡報》（*Tagesspiegel*）在總編輯羅倫茲‧馬洛特（Lorenz Maroldt）的公寓差點失火後，也藉由客廳的一面鏡子，專門發表了一篇討論會聚作用的文章。

　　順帶一提，德文用「Brennglaseffekt」來指稱會聚作用其實是錯的，因為凹面鏡也會產生會聚效應，Brennglas所指的卻是凸透鏡，是像放大鏡一樣磨成凸面、向外彎曲的

透明玻璃。凹面鏡和凸透鏡當然都很危險,而且不需要完美的鏡面就可以產生會聚作用。

2019 年夏天,德國漢諾威有間公寓失火,罪魁禍首可能是陽台上的瓶子。根據警方的調查報告,這些瓶子擺放的位置很不妥當,它們從陽光吸收聚集的能量,會全被導引至陽台門後的紙箱上。警方警告,天乾物燥的夏天千萬不要把瓶子放在森林或田野上。

不過你可以將光線投射到曲面玻璃上來做個很棒的實驗。

材料:

- 老花眼鏡,便宜的就可以
- 光源,例如檯燈

做法:

- 打開檯燈,將燈光對準幾公尺遠的牆壁或門。
- 拿好老花眼鏡,讓光線直接穿過它們,這時候會看到牆上或門上有鏡框的影子
- 將眼鏡拿近或者遠離牆壁或門,觀察什麼時候可以看到牆上或門上有清楚的燈泡圖案。

距離計算:

　　要將眼鏡離牆或門多遠才能看到燈泡圖案取決於老花眼鏡的度數,以屈光度為單位,而屈光度則是焦距的倒數,焦距以公尺為單位,也就是如果度數是二個屈光度,那麼焦距就是二分之一公尺。在這種情況下,平行光射入老花眼鏡後,會在二分之一公尺,也就是 50 公分處聚集,並呈現清楚的樣貌。

　　當光源來自很遠的地方(例如太陽)時,這會非常明顯。如果光源來自你的房間裡,那麼清楚的圖案會落在焦點後面一點點。只要以公尺為單位,算出眼鏡與牆上清楚圖案間的

距離，再計算倒數，就可以大略推測一副老花眼鏡的度數供需要者使用，雖然這種方法不是很準確。假設這個距離為 1 公尺，那麼屈光度就是 1。[1]

而凹面鏡比透鏡好一點，透鏡雖然可以聚光，但是凹面鏡可以捕捉各種形式的波，例如光、雷達波、無線電，甚至聲音也可以（常看到的是拋物面鏡〔Parabolic Mirror〕而非球狀凹面鏡，雖然拋物面鏡以數學計算來說是將波聚焦的完美形狀，但製作難度也更高）。許多家庭用來獲取電視訊號的家用碟型衛星訊號接收器就是個凹面，訊號會被導引至凹面焦點的小天線上，用於衛星通訊的巨大碟型天線也是這樣。

在專業領域中，幾乎都是利用凹面鏡來觀測恆星和其他天文現象，但現有鏡片的直徑已經無法滿足需求，所以由六邊形鏡子組成尺寸超過 10 公尺的大鏡子，而且還可以微調以填補大氣中的光彎曲（Light Deflection）。

就理論上而言，也可以在英國首都倫敦金融區建造太陽

1　這個方法只適用於遠視所用的眼鏡，因為近視用的眼鏡是使用發散鏡片，作用和放大鏡不同。

能發電廠來好好利用那棟摩天大樓的死亡射線，太陽能發電廠可以透過許多鏡子集中太陽光，並將其轉化為電能。

這種發電廠規模最大的位於美國加州，占地260萬平方公尺的鏡子將光反射到3座高塔上，這些高塔頂部的巨大鍋爐會產生水蒸氣，進而推動渦輪發電。輸出的功率將近400兆瓦，至少是現代核能發電廠輸出功率的四分之一。目前這類發電廠還在繼續擴展，杜拜（Dubai）正在建設一個占地遼闊的太陽能公園，會平均利用和太陽熱能和光電能發電，計畫輸出功率為5,000兆瓦。

太陽能發電廠絕對是未來科技趨勢，但缺點是需要大面積的土地來建廠，而這點很不幸的是會影響鳥類的生存。如果你是隻生活在沙漠的鳥類，要是愛惜自己的羽毛，那麼最好不要飛過太陽能電塔。

破壞日常生活的係數	●	●	●	●	○
提高工作效率的係數	●	●	○	○	○
致災潛力	●	●	●	●	○

8 藍天下的懶蜜蜂

【偏振光】

> 偏振光帶給我們美麗的效應，只是滑雪時得小心一點

　　如果你可以當一天的動物，你想變成哪種動物？也許變成鳥來感受飛翔的感覺？而且最好還變成普通樓燕，連在睡覺的時候都能飛，這樣你就不會浪費變成動物那一天的任何時間。還是你想變成可以在水中呼吸的魚？我家孩子想溜進家中貓咪的身體一天，看看牠怎麼可以一直躺著卻不覺得無聊。屋子裡的物理學家想變成什麼呢？他想要變成蜜蜂，但不想採蜜也不想製作蜂蜜，他只要看起來是蜜蜂就好。

　　是啊，看起來是就好。你可以說這是隻懶惰的蜜蜂。他之所以想當蜜蜂，是因為蜜蜂可以做一些讓物理學家很嫉妒的事，例如，牠們有複眼，所以能看到偏振光，可以用來在

多雲的天空中確定太陽的位置和定位自己的位置。你可能會想，這哪有比睡著還能飛行更好呢？但你別太驚訝，偏振光其實是物理學中最令人興奮的光學效應之一。沒有偏振光，我們的筆記型電腦和鬧鐘液晶螢幕就都無法運作，度假拍下的照片也看不到那麼藍的天，會顯得有些褪色。想了解原因為何，我們需要在陽光下洗個澡。現在，閉氣潛入水中吧！

我們先從一個基本問題談起：什麼是光？一般來說，光是人類可以看到的電磁輻射範圍（第六章還介紹了其他輻射範圍，例如導致窗戶破裂和地球大氣溫度升高）。在物理學書籍的描述中，光波總是表現得非常穩定，例如下面的圖片所示：

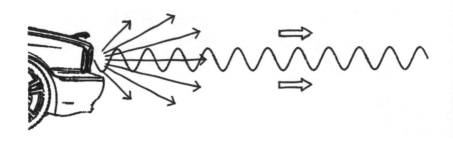

　　光在這裡直線傳播，電場垂直於傳播方向振盪，以上面的圖片來看，就是始終在圖片中間上下振盪。以物理來說，這裡指的是橫波。你可以把它想成一條繩子，先放在地上，然後拿起一端甩出去。不過，在多數情況下，光不只會上下擺動，還會同時間朝所有方向上下擺動，不管是橫向、對角線下到上等等（繩子也可以做到這一點）。

　　光沒有首要的振動方向，它沒有偏振，[1] 所以大部分陽光到達地球的方式，是狂烈且無組織的。而偏振光的意思就是有個特有的振動方向。現在我們想要對光線進行分類，這樣我們就可以用太陽眼鏡來保護眼睛免受強烈的陽光照射。

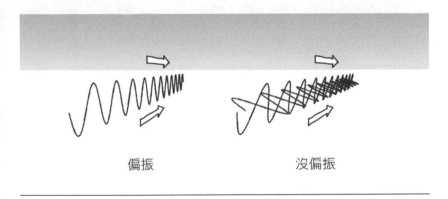

偏振　　　　　　　　　　沒偏振

1　只有平行於傳播方向的這個振動方向不對光開放。做為橫波，它總是以某種垂直於傳播方向的方式振盪，否則它就會像是聲音一樣是一種縱波（參見第十章）。

掌握偏振光

　　光可以用很多方式來完成偏振，最簡單的就是偏光濾光片。你可以將這種特殊箔片想像成由垂直隔柵做成的花園圍籬。有隻狗在圍籬後面跑來跑去，現在你想丟一根棍子給牠玩，如果你把棍子丟到圍籬上或斜斜打到圍籬上時，棍子就會反彈回來，只有棍子直接穿過圍籬隔柵的間隙時，它才會落到院子裡（狗也不用很努力就能咬到它）。這就是偏光濾光片的作用原理，這些特殊塑料箔片中的細長分子只允許光以一個偏振的方向通過。

　　這些箔片可以用在一些太陽眼鏡上，這樣鏡片就只會讓有相同偏振方向的光通過。相反的，這也意味著，朝垂直方向振盪的光波會被擋住或反彈。所以戴著太陽眼鏡後，看出去會比沒戴太陽眼鏡時暗很多，因為大部分的光都無法通過。我們只能熱情的建議你購買這種太陽眼鏡，因為這樣你才能不斷體驗到光的世界對你會有或大或小的影響（另一種選擇是你可以在網路上花較少錢買小型的偏光濾光片）。

打掃地板也有助於出現偏振光

就算沒有箔片，我們身邊的光在某處反彈時，也會不斷被偏振。家裡要是木地板，那麼就很容易出現這種狀況（至少打掃後會出現），如果是超耐磨地板或磁磚也會有。當陽光灑落地面並反射時，光會大大失去振盪方向。

讓我們看看靠近木地板的光束，急劇振盪的光波撞擊到木地板的電子，導致這些電子也在光波的振盪方向上振盪，而電子就像小天線一樣，吸收了光之後，再發射出去。物理學家說電子的作用是當赫茲偶極（Hertz Dipole）。地板上幾乎到處都是小發射器，這些發射器吸收光線之後，再次發射出去。

偶極的特別之處，是不會從哪都能好好的將光發射出去，只有側面才可以。而平行於地板振盪的光波則完全沒有這種問題，它們會以非常平緩的角度撞擊地板上的偶極，接著它們的光就會好好的被反射出去（見下頁上圖）。

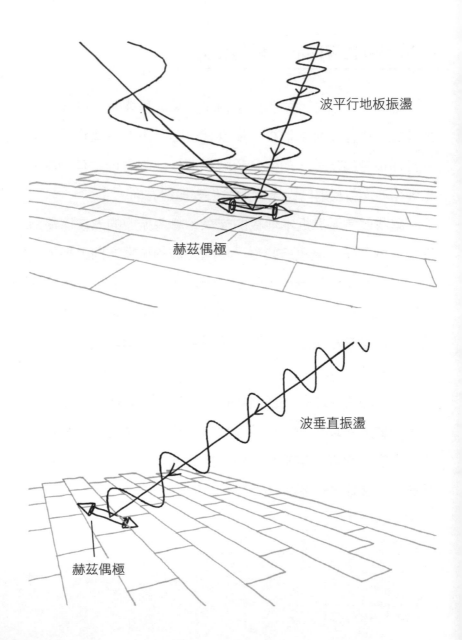

波平行地板振盪

赫茲偶極

波垂直振盪

赫茲偶極

在上頁下圖右上邊緣垂直振盪的光束有個難題，它不太好撞擊到地板，導致偶極將光完全引導至地板，全被地板吸收，失去了這個振盪方向。如此一來，從木地板反射的光就只會有平行於地板的這個向上振盪方向。這就是偏光。

在大自然中，水面或冰面接替了木地板的工作，它們也會反射光線，所以如果你滑雪時戴著偏光太陽眼鏡，那就很危險。因為這樣一來，你得處理兩個偏振光問題。想像一下，現在你正在滑雪板上加速溜向冰封地帶。偏振光就跟我們前文提到的木地板例子一樣，通常是透過反射光才會出現。可惜的是，你現在所戴的偏光太陽眼鏡濾掉了對亮光的反射。這可能會讓你滑雪時太晚或根本沒意識到彎道已經結冰，而且非常滑，導致滑倒骨頭受傷。

這個問題也可能發生在蜜蜂身上，所以牠們很少去滑雪也是件好事。

偏光濾光片讓天空更藍

現在滑雪摔斷腳的你，只能把注意力放在替白雪上的藍藍天空拍攝美麗照片。偏振光對此也有幫助。我們眼睛能接

受到的大部分陽光都不是偏振光，但也有一小部分是偏振光。因為大氣中也有電子，會將光極化成偶極。這些偶極會根據太陽的方位，在天空上的某個區域排列，排列準則是讓地球上的我們只能接收到朝一個方向振動的光。

例如，當下午太陽已經落得很低時，太陽、偶極和我們的視線方向正好形成直角，這時我們的相機會獲取大量偏振光。但這種光並非百分之百偏振，畢竟周圍還是會有大量散射光（Scattered Light）落下。所以攝影師會喜歡在相機上安置與偏振方向垂直的濾光片（就像我們戴太陽眼鏡一樣），

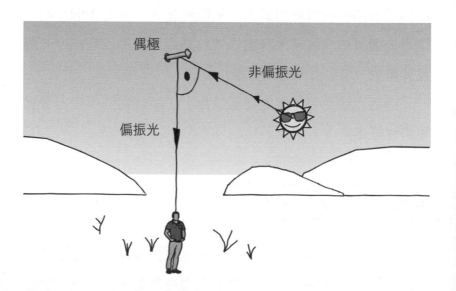

徹底挑出一個光的振動方向，這樣一來照片會變得暗一點，但天空的藍色會顯得更加鮮豔，白雲還是一樣白，因為它不受偏振影響。

書房裡的光遊戲

可惜的是，一年中能放假去度假滑雪的機會並不多，所以現在我們要給你看一些可以在書房裡利用偏振光做的有趣遊戲，讓你在有需要時忙裡偷閒放鬆一下。實驗結束後，你就會知道筆記型電腦和鬧鐘沒有偏振光無法運作的原因。

材料：

- 一台啟動的 TFT 或 LCD 螢幕（一般筆記型電腦、電腦螢幕或電視螢幕通常都是這種，電漿螢幕或 OLED 螢幕除外）
- 一部關機的手機（或是表面如鏡面般光滑的深色物體）
- 透明膠帶，只要是透明膠帶就可以
- 可以的話，再加上玻璃紙

做法：

　　啟動你的筆記型電腦或桌上型電腦，透過打開一個空白的 Word 檔案或其他方法讓螢幕顯示出白色影像。用膠帶在螢幕中央貼出十字形或星形，我們測試過膠帶一定可以清除乾淨，不會留下殘膠，如果你想確保不會留下殘膠，那麼可以先用保鮮膜將螢幕包起來，再用膠帶在上面貼出十字形或星形。

現在把關機的手機放在螢幕旁邊，以螢幕為中心點畫圓平移手機，同時不斷觀察螢幕上十字形的反射。你有看到嗎？螢幕上膠帶貼出來的十字形有了變化，有時候螢幕是暗的，十字形卻是亮的，有時候則是相反，甚至還可以在膠帶上看到顏色。

拿一張揉皺的玻璃紙放在筆記型電腦前，你會看到它反映在手機的光滑鏡面上，稍微來回轉一下玻璃紙，你會突然在手機螢幕的反射中，看到玻璃紙上的鮮豔顏色。是不是非常漂亮？

為什麼手機螢幕會變亮或變暗？

螢幕是真正的偏振藝術家，它所發出的光百分之百是偏振的，這也適用於數位鬧鐘、筆記型電腦、收音機螢幕或電暖器控制螢幕等其他會顯示數字或字母設備。這些家用電器都有液晶螢幕，這樣就可以用電控制偏振的轉向。螢幕是由兩個偏振濾光片所組成，中間會有一層液晶，施加電壓時，它們就會旋轉光的偏振方向。

　　為了能精準控制液晶螢幕，它們被分成不同線段。在有電壓的地方，當光線通過，液晶螢幕上的東西就能看得很清楚，所有地方都是灰色的。在一般的計算機的液晶螢幕上，7個不同的線段就足以顯示出 10 個阿拉伯數字。在解析度高的螢幕中，有數百萬個微小的液晶線段讓每個像素都可以單獨控制，而每個像素也都由 3 個相鄰的彩色區域組成。

　　你的螢幕提供給你百分之百的偏振光。現在，這種光會透過膠帶到達你的手機，你可以傾斜或移動手機，遲早都會碰到被稱為「布魯斯特角」（Brewster Angle）的完美的魔角（Magic Angle）。這個以蘇格蘭發現者大衛・布魯斯特[2]命名的角度，是光線真正完全偏振的地方。

　　當你查覺到筆記型電腦沒有輻射的方向，那麼反射就會變得很暗。如果你把手機放在不同的地方，就會出現正常的鏡像，因為剛好有正確的偏振方向透過手機傳遞。

2　David Brewster，他以反射和立體鏡而聞名，還替萬花筒申請了專利。

這裡的一切是那麼多彩

有些材料可以旋轉光的偏振方向,包括內建在螢幕中的液晶、糖和乳酸(也就是因為這樣我們才會稱左旋乳酸或右旋乳酸),還有透明膠帶和玻璃紙等塑料。在非偏振光下,我們是看不到這種變化的(很可惜,不然透明膠帶就會總是色彩繽紛的閃爍著)。

但是,如果你把玻璃紙放在兩個偏振濾光片中間,就可以成功看到這種變化。然後,玻璃紙就會像是個開關,第一個濾光片(就像是電腦螢幕)後面的光會被玻璃紙旋轉,剛好足以通過第二個濾光片(就像是手機螢幕)。如果我把玻璃紙放在兩個濾光片中間,它就會讓光變得可以看見;如果我不把玻璃紙放在兩個濾光片中間,那麼就還是一片黑暗。

不過,玻璃紙無法好好的旋轉所有顏色的偏振方向,所以我們才會突然在其實完全透明的玻璃紙上看到顏色。

比變成懶惰的蜜蜂還要好

如果可以當一天的動物，除了變成懶惰的蜜蜂，其實你還可以當單身的蝴蝶，像是藍色的袖蝶（Passion-Flower Butterfly）。這種蝴蝶生活在拉丁美洲的熱帶雨林裡，這裡有著茂密的樹葉，所以也意味著很少有陽光會直射進來。袖蝶可以用偏振光耍一個很酷的把戲，牠會用偏振光來吸引願意與之交配的另一半。雌蝶的翅膀上會有反射偏振光的圖案，這讓雄蝶更容易找到雌蝶。

這個系統特別複雜，因為喜歡吃蝴蝶的鳥看不到偏振光，只有自願上勾的雄蝶才能接收到這個交配訊號，掠食者什麼都看不到。這樣很好，我們可不想在變成蝴蝶的那天被吃掉。

破壞日常生活的係數	●○○○○
提高工作效率的係數	●●●●●
致災潛力	●○○○○

CHAPTER

9

電到唉唉叫

【電】

爲什麼我們碰門把會被電到，但被閃電打到的機率卻比乳牛還要低

　　這是我家兒子第一次身邊沒有父母或兄弟姊妹陪伴獨自搭火車長途旅行，今年 11 歲的他要穿越德國去距離魯爾區有點遠的布蘭登堡（Brandenburg）貝斯科（Beeskow），找他搬到那裡的最好朋友。在他開始這趟冒險前，我們討論了可能碰到的危機，以及應該如何應對：

- 火車誤點：保持冷靜等著
- 火車卡在鐵軌上：保持冷靜等著
- 廁所不開放：保持冷靜，但不等著，去找下個免費廁所

我們在火車站說再見時，心情很好，他答應把手機音量調「大」，以免遇到意外狀況得打電話給我們。其實我們沒想到會發生什麼事，尤其他出發不久後，我們就收到他傳來的消息：「一切都很好，有無線網路。」

不過 2 小時後，手機響了，意外讓那小遊客驚慌失措。我們已經替他做好德國國鐵（Deutsche Bahn）可能會出現的各種故障的準備，但沒幫火車上的枕頭做好準備。他打電話來說：「我的頭髮立起來了！它們劈里啪地立起來了！」如果只是這樣，那我們還能鬆口氣（當你第一次把小孩送出門，父母也會很興奮），但偏偏兒子還沒說完：「最慘的是，如果我碰到門就會觸電。」

誰能想到這種狀況，原來在 5 個小時的火車旅途中，最煩的不是誤點和車廂擠滿人，而是遇到物理問題。更精準地說，是靜電荷（Electrostatic Charge）問題。它可以將頭髮黏在枕頭上，或是在我們走過地毯握住門把時，害我們觸電。靜電荷是一系列不斷升級、讓生活變困難的電現象的開始，電擊、冒火花、閃電真的很煩人，也很危險，不過同時電也非常有用，誰都不想沒電。

要確切了解電並不容易，光電壓、電流、功率這些術語

就讓人很困惑。現在，我們先從煩人的枕頭和帶電的頭髮開始說起。其實每個人的身體或其他物體都帶有正電荷和負電荷，但通常我們不會注意到這些，因為一般來說，正、負電荷所帶來的影響會相互抵消，所以我們會是中性的。由此可知，中性並不代表就沒有電荷，而是正、負電荷相互平衡，就像是個平衡的天平那樣。

你想像一下有個老商人在用的天平，兩邊是用來放砝碼的秤盤，不管兩個秤盤沒放任何東西，或是都放了 5 公斤的東西，其實都沒有關係，只要兩個秤盤裡的東西一樣重，秤就會是平衡的。只有在我們身上添加或移除了帶電粒子，我們體內的電荷才會被擾亂，平衡被破壞了，然後就一直沒完沒了。

帶負電荷的粒子（也就是電子）會在我們的身體上下移動，因為所有物質（包含我們的身體）都由原子組成，而原子有個帶正電荷的核，帶有負電荷的電子會在其周圍滋滋作響，電子的負電荷會與原子核的正電荷形成平衡（把它想像成天平的樣子）。

不過電子會比原子核更容易移動，所以當兒子的頭髮在火車上摩擦枕頭時，電子會從頭髮轉移到枕頭，導致現在頭

髮上的電子太少了，但枕頭上的電子卻又太多。現在兩者皆帶了電，而枕頭是負電荷，因為它得到更多帶有負電荷的電子；兒子的頭髮帶正電荷，因為帶負電荷的電子轉移到枕頭上去了，現在頭髮上帶正電荷的原子核有點過多了。

為了替頭髮充電，必須要補給它負電荷，或者移走正電荷。這是本章後文介紹真正的高電壓（例如閃電）時，會再次出現的物理原理：電荷不會、真的不會以任何奇妙的方式出現或被製造出來。電荷就在那裡，只是重新分配。

摩擦是一種簡單的電荷轉移方式，早在約西元前 600 年的古希臘，米利都的泰利斯（Thales of Miletus）就發現拿羊毛摩擦琥珀後，會吸引小東西。你可以自己試試看，例如向奶奶借一下她的琥珀項鍊並拿去摩擦一下毛衣，這樣琥珀就會吸引紙屑或乾燥香料。所以希臘文中「電」這個字，也能看到琥珀和電子的影子。有人說這是靜電的關係，但其實並不完全正確，因為其實只要摸一下就能讓電荷在物體間轉移，但是摩擦是非常強烈的接觸。

我們一整天會透過無數次的觸摸來獲得或釋放電子，不管是走路時、從椅子站起來時，或是用抹布擦桌子時，都會有這種狀況發生，誰都阻止不了，但也不會干擾到任何人。

而就像電子會在我們毫無所覺時來到身上一樣,當我們觸摸物體時,它也會在我們不知不覺中離開。

只有我們把自己隔離的太徹底,導致獲得的電荷無法離開,它才會來煩我們。例如,當我們穿著運動鞋走過地毯,會獲得帶負電荷的電子,但運動鞋的橡膠鞋底不導電,導致我們沒有接地,無法將這種電荷釋放回地上,只能留在我們身上,等待機會好消耗殆盡。一旦我們接觸到導電良好的東西,它就會利用這個機會發生靜電放電,所以我們碰到門把時,才會像觸電一樣,碰到車門時,才會冒出小火花。

現在來談談驚人的高電壓。我們要能感覺到放電大概是電壓 3,500 伏特以上,不過在某些不利的狀況下,可能會出現更高的電壓,空氣乾燥時尤其如此,例如許多辦公室。

門把上的小觸電對人類來說是不危險,但很煩人。不過假設現在你處理的是小電子零件,例如你正在修手機,如果觸電火花在錯誤時刻跳到電子零件上,就算那能量只會讓你的手微微顫動,但很可能就會永遠毀了晶片上的極小型電路路徑。

或者當你開車去自助加油時,伸手拿油槍時,可能會擦一下油槍口。這時候是不會有什麼事的,就像門把一樣,你

和油槍都有接地。當你在等油注滿油箱、先坐回車上再下車時，衣服不可能沒接觸到汽車坐椅。於是在你從汽車油箱拿起加油槍再擦一下時，大火瞬間引燃，火花點燃了汽油蒸氣。幸好你的反應夠快，迅速逃離火焰。這類意外雖然不常出現，但遺憾的是真的會發生，而且常常被監視器錄下來，所以我們才能在這裡提供一些如何抵消靜電的提醒。

1. 故意放電：當你觸摸暖氣機或其他導電物體時，每次都會釋放一點點電荷，讓它不再累積，這樣你碰到門把時就不會出現靜電（或者你至少心裡有底，知道會出現靜電）。不過你要是一直去摸暖氣機，同事可能會有點不高興。

2. 空氣：如果濕度低於 20%，人體電壓可能就會超過 2 萬伏特，這其實很高（儘管我說過，稍微觸電沒關係）。如果濕度高於 65%，那麼可能就降到 1,500 伏特以下。主要原因是濕度高的時候，所有東西的表面都會覆蓋一層很薄的薄膜，然後就可以讓電荷散去。

3. 買張織有金屬線的地毯：真的有這種地毯！有些製造商販售這種讓人免於觸電的地毯，但我們認識的人家裡都

沒有。

4. 專門工具 1：大家都知道網路上可以買到任何東西，包括防靜電的鑰匙圈，它看起來就像小手電筒，只是前面沒有燈，而是個金屬接觸點。在你伸手碰門把前，先把它放在門把上，這時可以從防靜電鑰匙圈專門設計的小透視窗裡，看到有小火花冒出來，然後你就可以安全的開門了。

5. 專門工具 2：如果你沒有買防靜電的鑰匙圈，就用鑰匙代替。鑰匙前端稍尖的部分就等同防靜電鑰匙圈上的金屬接觸點，可以讓電荷以受控的方式從你的身上轉移到手把上。

可惜的是，當靜電荷對我們在電視節目進行的大型實驗造成妨礙時，我們都沒有利用這些方法。我們在《問問老鼠》（Frag doch mal die Maus）這個節目工作的幾個月時間裡，搭建了一張 3 公尺長的桌子，上面的超長捲筒紙就像超市收銀機一樣一直跑不停，目的是為了知道一枝鉛筆可以寫幾公尺。

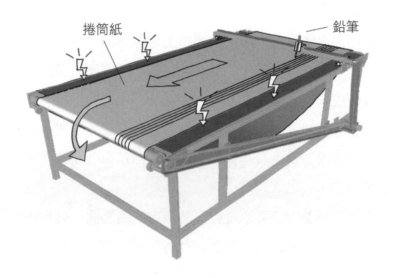

捲筒紙　　　　　　　　　　　　　鉛筆

　　我們做好了錄影的一切準備,馬庫斯只是想去快速吃點東西,剛吃第一口,手機就響了,他的同事尼爾斯(Nils)打來說實驗沒辦法進行。我們瘋狂找尋問題出在哪,並注意到捲筒紙黏在桌子上,不會再移動分毫。顯然是靜電荷的問題,因為紙捲和桌子過度摩擦,所以現在一邊帶了太多正電荷,另一邊帶了太多負電荷,兩者強烈互相吸引,導致捲筒紙停止移動。為了解決這個狀況,我們不得不在紙和桌子中間放一個保護層。

　　我們小心翼翼地把紙撕下來,用手擦了擦桌子(後來我

們知道之後碰門把時應該要更加小心,但還好什麼事也沒發生)。然後,我們用絕緣膠帶把桌子整個貼起來。當你身在演藝圈,可以用絕緣膠帶快速修好所有東西。膠帶的表面有點粗糙,所以不太會摩擦到。終於在錄影前幾分鐘,捲筒紙可以正常運行了。

為什麼在先前實驗和排演的過程中,都沒出現這種狀況呢?我們不知道確切原因,但有兩個假設:1. 攝影棚裡的空氣比我們倉庫乾燥多了。2. 桌子旁邊有道透明塑膠牆(畢竟現在新冠肺炎疫情嚴重,沒人應該要被感染)。這道牆上原本覆有防止被劃傷的薄膜,但錄影前不久被移除掉了。這反過來產生非常強烈的靜電,我們都可以聽到劈里啪啦的聲音。攝影棚的空間裡可能有很多靜電荷,隨著捲筒紙落在桌子上。把絕緣膠帶黏在桌子上後,紙和桌子之間的摩擦力明顯降低,實驗進行的很順利(我們現在知道一枝鉛筆可以寫超過 14 公里)。

電擊也是有用處的

我們的抱負是替每種造成生活困難的現象平反，要幫忙找到它們會讓人好過的例子，告訴大家在哪些情況下，它們是有用（甚至更厲害）或有趣的。但是老實說，我懷疑在靜電荷上是否能做到，它好像到哪都會造成困擾。不過有時靜電荷其實也很有用，許多雷射印表機沒有它就無法工作，感謝雷射印表機讓我們不必用鉛筆寫 14 公里。

簡單來解釋一下雷射印表機的運作原理：印表機裡面有個用來列印紙張的感光鼓（Image Drum），這個鼓是帶電，會曝露在雷射光下，而它曝露的地方就會因此被放電，最後會回頭在要充電的區域著色。然後，感光鼓會轉到碳粉那裡，碳粉也帶了電荷，只會附著在仍要充電的區域。感光鼓現在有了我們想要列印的精確圖像，它被引導至紙上將碳粉卸下。現在我們的文件已經列印好了。為了不被弄髒，之後會再用滾筒施壓加熱固定，也因此從雷射印表機出來的紙張會有點熱。我們辦公室的雷射印表機曾經在最後一個步驟故障了，還是會列印，只是要手工加固顏色。

除了列印，靜電對打掃也非常有用，但不是清潔家裡，

是打掃大型工業廠房時可以派上用場。我們會用靜電過濾器來過濾空氣中的灰塵或煙灰，現在大略解釋一下它的作業過程：帶電的電線會將電子噴到要清潔的氣體中，這些電子會在該處碰到灰塵並對其充電，帶電的塵粒就會衝向另一個正電荷的電極，並在那裡落下。然後，你就只要關掉靜電過濾器的電源，並輕輕敲一敲。

殘忍的直流電與交流電戰爭

　　就算靜電很煩，但至少不會對身體造成重大傷害，不像從插座裡出來的電，會變得非常危險。

　　你肯定從小就被警告：不要讓吹風機掉進浴缸、不要摸沒有絕緣包覆的電纜！不可以把叉子插進插座裡！不管怎麼說，這些警告都有道理。但原因到底是什麼？如果我們在乾燥空氣中走在地毯上會產生高達 2 萬伏特的電壓，而且也毫髮無傷，那從插座出來的 220 伏特電壓又算什麼呢？

　　吹風機泡在浴缸中不是件好事的最重要原因，是**吹風機用的是交流電**。你或許知道愛迪生（Thomas Edison）在 19

世紀末發明了燈泡，他希望燈泡能靠直流電運作，所謂的直流電就是電流在電路中朝一個方向流動，就像單行道一樣。除此之外，愛迪生還希望用自己的直流電專利和只能計算交流電的電表賺愈多錢愈好。

然而，愛迪生有個最大的問題，就是直流電在長距離使用時，會損失大量的能量。他其實想利用這個問題，在不斷成長的電力市場上，從許多必要的發電站賺到額外的錢。不過隨著時間過去，他愈來愈輸給立場相對的交流電派的競爭對手。

身兼發明家和企業家雙重身分的喬治‧西屋（George Westinghouse）與天才物理學家尼古拉‧特斯拉（Nikola Tesla）合作，他們依賴交流電每秒會改變 50 ～ 60 次的特點。交流電的優點：可以很容易升到高壓再降壓；可以傳輸幾百公里，損失的能量比直流電少。交流電的缺點：流經生物時，對其造成的危險比直流電大。儘管有這個缺點，威斯汀豪斯和特斯拉還是繼續更大範圍的銷售他們的專利。

愛迪生在大眾示威抗議下，透過電死動物發起一場可怕的反交流電運動，在悲傷的高峰時刻，他要員工替美國政府製造一把電椅，以展示交流電的致命性。但其實沒有用，交

流電已經盛行起來了，因此可以替我們國家的所有電器設備
（吹風機也包含在內）提供能量，無論是經過變壓器方便地
使用或是直接利用。

到底是什麼讓交流電這麼危險？我們身體裡其實一直都
有微小的電交換過程在不斷發生，例如用這種方式刺激心臟
跳動。但每個心跳週期中，都有一個階段心臟對干擾會特別
敏感，也就是所謂的「易損期」（Vulnerable Period）。
如果我們在這個期間受到電擊，就會發生危及性命的心室顫
動（Ventricular Fibrillation）。

使用交流電時，電脈衝會以每秒 50 次的頻率雙向流動，
電力突波會剛好在易損期擊中我們的風險，會比用直流電還
要高很多。不過，如果突波剛好在剛好的時間以適合的強度
出現，那麼心臟的這種敏感性當然就有用。這就是心律調節
器每天拯救生命的方式。

我們不應該讓吹風機掉進浴缸還有另一個原因，就是水
的導電性比我們想像的要低。我們都以為掉進水中的吹風機
非常危險，是因為水可以導電。我們以前都聽父母這樣解釋
過，這沒有錯，但也並不完全正確。掉進浴缸裡的吹風機的
確很危險沒錯，但那是因為人體的導電性比水好。

就算自來水的導電性很好，但它並非最好的導體之一，例如銅的導電性就是它的 10 億倍。人體的導電性比自來水更強，因為我們不僅是由水組成，還含有許多的鹽，這就是人體比洗澡水更能導電的原因，除非我們在浴缸裡加了浴鹽或尿尿（當然沒人會這麼做），那就另當別論。

如果吹風機掉進水裡，電流在我們身體裡比在水裡更容易傳播，而這種效應還會因為我們整個身體都泡在洗澡水裡而增加，這樣電流的整個接觸面積就會非常非常大。

總是還有更糟糕的，例如閃電

雷擊感覺比插座裡的電流還要危險。雷雨雲和地面之間的電壓約 1,000 萬伏特。閃電中的一道電流可能就超過 10 萬安培，你絕對不會想被閃電擊中。我們不清楚德國每年有多少人被閃電擊中，估計大概是 100 ～ 250 人，但只有 5 ～ 7 人喪命。

你以為這樣閃電就比你想像得還要無害嗎？才不是。但是人類的許多特徵讓我們不像乳牛那樣容易被閃電擊中。

首先，閃電裡的電流是短暫卻劇烈的流動。當我們被閃電擊中，會受益於所謂的趨膚效應（Skin Effect），也就是電流會沿著我們身體表面流動，不會深入體內（雖然 Skin Effect 中的 Skin 在英文是皮膚的意思，但在趨膚效應中與人體的皮膚無關，趨膚效應影響的是所有導電體，高頻或週期非常短的電流，例如閃電，會沿著導電體表面移動，只有一小部分脈衝電流〔Pulse Current〕會穿透深入體內）。

其次，多數時候閃電不會直接擊中人類，我們也沒有被完全充電。當你是所在區域的最高點時，或許就會被閃電擊中，因為那是閃電喜歡放電的地方，而人類如果被閃電直接擊中很可能會丟了小命。

我們在度假時想要來一趟泥灘漫步，那時下著毛毛雨，很多人都撐著傘。然後颳起了暴風雨，泥灘的管理者立刻要大家撤離，因為再也沒有什麼會比在雷雨中撐著傘站在泥灘上當避雷針更加愚蠢的了，但你也不該躲在樹下。像是「你應該躲開橡木，找棵山毛櫸」之類奇怪的農夫守則，完全是胡說八道，如果遇上雷雨，你永遠都應該要遠離樹木。

如果雷擊中這裡，樹木會獲得大部分的電荷，但其中一

部分會透過所謂的「閃絡」[1]轉移給你。這也可能非常危險，甚至是致命的，就算你的鞋子是橡膠鞋底，也沒用。橡膠鞋底雖然有點絕緣，但雷擊太過劇烈，也會穿過鞋底。所以你最好逃到屋子或農舍裡，要是能進到車裡去是最好。

　　如果你根本無處可躲，必須要待在戶外，那麼應該要蹲下，雙腿盡量併攏。千萬不要躺著，這樣很危險。想像一下，閃電擊中的是一片完美無缺、剛修剪過的廣闊田地，電流會朝各個方向對稱地向外流動。如果你在閃電落下的電流向外流動的區域雙腿併攏蹲下，電流就幾乎不會想流穿你的身體。雖然你是很合理的導體，但穿過你的身體會比經過地面的短距離遇到更大的阻力。

　　但如果你張開雙腿或做伏地挺身（這真的很蠢），那麼情況當然就不一樣了。現在穿過你身體的路徑對電流來說是條捷徑，而這電流肯定對你的心臟造成危險。所以，雙腿間的距離愈短，發生這種情況的可能性就愈小。這也是乳牛常

1　譯註：Flashover，固體絕緣體周圍的氣體或液體電介質被擊穿時，沿固體絕緣體表面放電的現象。

遭雷擊傷害的原因，因為雖然閃電不會直接擊中乳牛，但牠們的無法將腿靠得夠近好將步級電壓[2]降到最低。

閃電是從哪來的？

閃電到底是怎麼發生的？這個問題在物理學上非常令人興奮。現在還不清楚每次閃電的確切過程，只能大概的説，之所以會發生閃電是因為大自然不喜歡失衡。在雷雨雲中，小冰晶與較厚的霰或冰雹相撞，那麼輕的冰晶就要往上，重的冰雹就要往下。當它們撞到時，電子會從冰晶轉移到冰雹上，所以現在上面的冰晶會帶正電荷，下面的冰雹會帶負電荷。

如前文所述，大自然不喜歡失衡，所以會想均衡電荷梯度（Gradient Charge）。這就是物理原理應用的地方，聽起來就像流感一樣到處傳播。這是一種電的長距離效應，雲底層的負電荷會排斥地上的電子，它們會流出受影響區域並

2　譯註：Step Voltage，電流落地由中心往外流時，人在附近跨步就會產生「步級電壓」，因為一腳在前、一腳在後，兩腳電壓不同，就會有電流流過雙腳，步伐愈大，通過電流愈大。

留下正電荷。在帶負電荷的雲層底部和帶正電荷的地面之間，形成閃電通道，這樣一來，閃電就會以極強的電流和約攝氏3萬度的溫度放電。

直接曝露在這種自然力量底下的人，通常會被拋到空中，鞋底被撕爛、衣服被撕碎、項鍊或皮帶扣可能會融化或蒸發。彷彿這還不夠恐怖一樣，偶爾還會有所謂的「利希滕貝格圖樣」（Lichtenberg Figure）出現在閃電倖存者的皮膚上，這種樹狀圖也會出現在遭受雷擊的高爾夫球場草皮、皮手套、和石板上，不過幸好一段時間後就會消失。

有史以來暴風雨造成的最嚴重災害，可能是導致「興登堡號飛船」（LZ 129 Hindenburg）墜毀。它是「齊柏林飛船」（Zeppelin）的姊妹船，為史上最大的兩艘飛船之一。1937年5月3日，船身繪有納粹「萬字旗」的「興登堡號」搭載96人從德國法蘭克福（Frankfurt am Main）飄到紐約附近的萊克赫斯特（Lakehurst），這段旅程花了將近3天。就在航程即將結束，快要著陸前，一場雷暴（Thunderstorm）襲擊了紐約。

「興登堡號」的船長藉由在空中繞圈的方式延遲著陸時間，等待雷暴過去。「興登堡號」成功了，但當它在著陸桅

杆上方約 60 公尺處拋下降落繩以便被繫住時，發生了物理變化。繩子碰到地面的那一刻，飛船頂部的有個小漏氣點洩出了氫氣，其和空氣的混合物瞬間被點燃。幫助飛船上升的氫體全被點燃，然後發生爆炸。

關於起火原因有很多猜測，甚至還以此為主題拍了部電影（這是個攻擊嗎？）。有個合乎邏輯且有可能的推測是，「興登堡號」實際上是在經過雷暴附近區域時，帶上靜電的。當潮濕的降落繩觸地時，靜電也突然落地了。

所以「興登堡號」的經歷，可能就跟我們穿著橡膠鞋底的鞋子走過地毯然後去碰門把時一樣。你現在應該不會想再抱怨靜電了吧？

破壞日常生活的係數	●●●●●
提高工作效率的係數	●●○○○
致災潛力	●●●○○

CHAPTER **10** 指甲刮黑板的聲音

【聲音】

> 我們要怎麼利用固有頻率放大手機音量？怎麼有
> 些聲音會那麼討人厭？

有些聲音會讓人頭皮發麻，像是用粉筆寫黑板時發出的
吱吱聲、保麗龍互相摩擦的聲音、叉子刮到盤子的聲音，或
許其中某個聲音會讓你起雞皮疙瘩，而且其實大部分的人也
會有相同反應。

其實我們的身體有點把事情誇大了，畢竟當粉筆在黑板
上發出吱吱聲時，也沒對我們做什麼事。但大腦並不知道，
介於 2,000 ～ 5,000 赫茲的高音對我們的邊緣系統（Limbic
System）和杏仁核（Amygdala）來説，就代表著危險，
可能是部落姊妹因為攻擊者正在接近而害怕尖叫。我們更喜
歡豎起皮毛，好讓敵人印象更深刻。不過這當然沒用，起了
雞皮疙瘩的我們看起來並不可怕，反而有點懦弱可欺的樣子。

但以前我們人類有很多體毛的時代，這樣一定讓人看起來非常印象深刻。

什麼聲音讓人最不喜歡，也就是什麼聲音最會讓人起雞皮疙瘩？每個人的答案都不同。有人覺得氣球摩擦時的聲音很酷，但有人覺得很討厭，這可能和我們各自對聲音的不好經驗有關。我們的研究發現，最會讓人起雞皮疙瘩的聲音，是粉筆寫黑板時發出的吱吱聲（這點可以說明我們到底在學校經歷了什麼事呢？）。

其實這種聲音很容易避免，因為只有粉筆寫字的角度不對時才會出現。那樣會讓粉筆無法順順地滑過黑板，而是會停頓一下，稍微彎曲，然後再繼續。這種現象稱為「黏滑現象」（Stick-Slip Phenomenon），粉筆每次卡住時，都會彎曲再放鬆，所以會產生振動，這種振動在我們聽起來，就是吱吱之類的尖銳聲。停下再繼續的動作發生得太快，我們根本看不到。但親愛的老師們，請相信我們，只要改變握粉筆的角度就可解決這件事，或者在學校推廣使用互動式電子白板和平板電腦也可以。你為很多學生做了非常多好事。

我寧願跳出窗外

　　剛剛談的是尖銳聲，但在聲音頻率範圍的另一端，我們也被另一種討厭的聲音折磨著，至少那會讓茉蒂絲想跳車，這個聲音就是當車窗只降下一道小縫時，發出的沉悶轟轟聲。你懂我說的嗎？這個波轟轟作響地穿過車子壓在你的耳朵裡，一聲聲轟轟、轟轟、轟轟、轟轟、轟轟……讓人難以忍受！這通常會發生在車子剛啟動出發稍微打開窗戶透氣，然後車速愈來愈快時。這個討人厭的轟轟聲到底哪裡來的？要怎麼避免呢？

　　讓我們從大範圍來看這個問題，不是待在車上，而是坐在房子裡。當你坐在窗戶微開的客廳裡，外面有輛大卡車經過時，客廳會出現驚人的嘎嘎聲，突然從四面八方傳來的聲音表面上是讓櫃子裡的玻璃杯嘎嘎作響，但其實它們並沒有，得要整個房子都在搖晃才會出現那種狀況，大卡車根本做不到。

　　但是大卡車有強力引擎，和其他汽車引擎一樣，都會不斷發生小爆炸。這樣會產生氣體，而這些氣體會膨脹，然後經由排氣管呼嘯而出。氣體膨脹的頻率會根據大卡車的車速而有所不同，尤其當大卡車在住宅區啟動和加速時，會經歷

一系列不同的頻率。

　　當窗戶打開（或只是微開）時，會發生下列情況：聲波穿透窗戶在屋內歡快地擺動，並且撞擊牆壁，在那裡產生超壓力（Overpressure）。洩壓時，空氣會碰一聲地振回來，透過打開的窗戶排到屋外。現在屋裡空氣大量減少，變成低壓狀態了，新的空氣就立刻流進屋裡。這種變化不斷發生，櫃子裡的玻璃杯就會隨著節奏擺動，而屋子裡也出現了駐波（Standing Wave）。

　　當我們的車窗半開時，車裡也會發生同樣的狀況，某些時候空氣每秒流入的次數和汽車的固定頻率完全一致。半開的車窗發揮了音響的作用，我們的車子發出了笛子聲。現在我們可以爭論聽車子發出笛子聲和在課堂上聽塑料直笛初學者發出的吱吱聲，哪個比較糟，不過其實我們更寧願看看這些破壞性效應是否可以為自己所用。

花瓶裡的「Podcast」

　　如果汽車可以變成樂器，那我們也可以將其他家用品當做擴音器，這對我們目前遇到的問題很有幫助。家裡廚房窗

臺上有部舊收音機，多年來洗碗時都會使用，但現在因為兩件事改變了這個狀況，害它現在時日無多了。

　　首先是我們有隻公貓喜歡從廚房窗戶進出，所以我們得把窗臺上的收音機拿下來，如果不這樣，貓會撞到它並將其推進水槽裡（那隻貓是故意的！）。因為這樣，我們家才會總是有人把收音機從窗台上拿下來，結果不小心拔掉插頭，把設定好的所有節目都刪除了，害我們下次洗碗的時候很煩，原因是我們發現這件事時，通常手都已經弄濕滿是泡沫無法動手調整。

　　其次是我們現在沉迷收聽 Podcast，這種節目是用手機而非收音機撥放。聽 Podcast 有點像是在咖啡廳偷聽隔壁桌位的客人說話，有時候很刺激，有時候很有趣，而且節目時間通常都不短，我們最喜歡的 Podcast 節目最長那集的時間有 7 小時 39 分鐘。這麼長時間的節目，如果你因為在洗碗、吸地板、或開車而聽不清每個字也沒關係。不過後來我們聽到一個商業 Podcast 節目，談論的主題是恆溫器，以及如何靠著它發家致富，這絕對是個有利可圖的話題，所以很吸引人。因為是經濟話題，來賓的聲調平穩且響亮，沒有太多抑揚頓挫。

現在我們遇到難題了，尤其是開車的時候，我們聽不清 Podcast 在說什麼，因為車上的收音機生產製造時，還沒發明出藍芽傳輸技術。我們很快就列出了選項：買輛新車（太貴）、靠邊停下來聽完 Podcast（歷時太久）或快速製造個更好的揚聲器。

果凍和鉛筆

從物理的角度來看，揚聲器完成了一個功能，就是把電信號（Electrical Signal）傳換成聲音，這借助的也是空氣振動。當揚聲器裝載於像手機那樣大小的物品上時，要做到這件事很不容易。現在把空氣想像成超大的果凍，把手機揚聲器中的薄膜想像成削尖的鉛筆。你想用筆尖去戳果凍，好讓那超大的果凍搖晃，但這不會對果凍有太大影響，有的話也只是動一下，你用鉛筆另一端附的橡皮擦或馬鈴薯壓泥去等比較大的東西去戳還比較有用。

這就是好的、有力的揚聲器通常都有大振膜的原因。振膜愈大，就愈容易把大量能量轉移到大量空氣中，這樣空氣

就會更為振動，揚聲器發出的聲音就會更大。

現在我們車裡沒有大的振膜可以和手機連接，所以只有一個解決方法，就是必須把手機發出的微小聲音引導到我們想要的位置去。具體來說，就是應該要把 Podcast 節目裡那位恆溫器百萬富翁的響亮聲音傳到我們的耳朵裡。如果你只是把手機放在副駕駛座上，手機喇叭的聲音就會向各個方向傳播，只有一小部分能傳到我們的耳朵裡。

我們想要改變這件事。我們得益於聲波不容易從一個介質移動到另一個介質這個特質，例如，混凝土牆相對能讓人保有良好的隱私，因為可以避免說話被公寓鄰居聽到。原因是大部分的聲音無法輕易穿過混凝土牆，會在牆壁上反射。我們在這裡特別用「無法輕易」來形容這件事，是因為牆壁當然不是完全隔音，我們家鋼琴緊貼的那道牆另一面就是鄰居家的客廳，他們尚且有可能聽到我家彈奏的樂曲，但如果那道牆是只用木頭建造，鄰居聽到的鋼琴聲就會更大，這也是根本沒人會在帳篷裡演奏鋼琴的原因。

為什麼帳篷裡的聲音會那麼大？

　　為了回答這個問題，我們必須要先釐清聲音實際上是振動。這種振動可以產生在任何介質中，例如水中、布丁中，當然還有空氣中。電脈衝會推動手機揚聲器中的幾個空氣分子，讓它們開始移動並推動下一個分子，以此類推，這樣聲音就會用一種連鎖反應的方式在空中傳播。你可以把這想像成小孩有時候在玩的彈簧玩具（你還得下樓去撿回來那種），金屬製或塑膠製的都有，如果你把彈簧稍微拉開，推動其中一端，它就會像波浪一樣跨過每級階梯。[1]

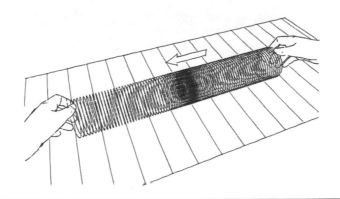

1　給想了解細節的人：如果你將彈簧推向彈簧另一端，這稱為縱波；如果你將彈簧推向側面，就會形成凹凸形狀的橫向傳播，這稱為橫波。而在空氣中，聲音只能以縱波的方式傳遞。

　　不過聲音還有另一項特質，在我們建構臨時汽車揚聲器的時候幫了大忙，坦白說就是聲音有點懶惰，不喜歡從一種介質換到另一種。如果你曾經在整個人泡進浴缸水中時，有人站在旁邊跟你說話，你就會知道空氣不喜歡潛入水中，所以你在水中聽到的聲音才會鈍鈍的。

　　物理學家喜歡計算事物，為了計算聲音從一個介質到另一個介質的變化程度，他們引用了「阻抗」（Impedance）這個術語。（請注意，這裡我們會進入真的複雜的物理領域，你要堅持下去，你會為自己感到驕傲的！）有 2 個因素會影響阻抗，就是聲波穿過物質時，物質的密度和聲波的速度。

　　空氣是一種氣體，它的密度並沒有特別高，而聲音在空氣中的速度也不是很快，大約是每秒 340 公尺。不過聲音在其他物質中的傳播速度其實快很多，像是在塑料中可以高達每秒 2,300 公尺，而塑料的密度也比空氣高，所以空氣和塑料的阻抗差異很大。介質的阻抗差異愈大，聲音從一種介質到另一種介質的變化就愈小，這也意味著聲音不喜歡從空氣轉移到塑料。

　　這對我們建構臨時汽車揚聲器很有利。想像一下，我們的 Podcast 聲波在車內愉快共振時，突然撞在塑料製成的儀

表板上，聲波現在會有什麼反應呢？當我們開車沒繫安全帶，緊急剎車時會發生什麼事？我們會撞到儀表板再反彈，身體會很痛，但聲音卻不會受到什麼影響。所以如果讓塑料反彈聲音，它應該能將其引導至我們的耳朵裡。

我們的計畫是這樣：車子擋風玻璃下方的架子有個用來放太陽眼鏡的小格子，如果把手機放在那裡，並讓翻蓋手機套的蓋子打開著，這樣聲音就會從蓋子反射進駕駛的耳朵裡（如果你的車子沒有放太陽眼鏡的小格子，你可以把手機放在中控臺的凹槽中，雖然這樣經濟學專家響亮的聲音會從比較遠的地方傳過來，但也會聽得很清楚）。

不要用紙板來當做揚聲器

當製作揚聲器的材料具有的阻抗明顯和空氣的不同時，做出來的揚聲器會一直正常運作。玻璃和瓷器做成的揚聲器效果很好，紙板和保麗龍做成的則效果不佳。因為自製的揚聲器，我們開車到家時，已經對 Podcast 節目談到的恆溫器瞭如指掌。不過說實話，我們早就已經不關心這個話題了，

現在我們想知道的是家裡哪個容器用來做手機的擴大器效果
最好。

1 號測試對象：家裡最大的花瓶。這個花瓶幾乎要跟膝
蓋一樣高，通常用來插向日葵。結果 Podcast 講個不停，其
實花瓶裡的聲音聽起來更大聲，不過也鈍鈍的。

2 號測試對象：小一點的花瓶，中間收縮，頂部的開口
寬大。馬庫斯重新把手機放到這個新的測驗對象中，聽起來
還不錯。

所以我們把手機放進一個又一個花瓶中來聽聽看聲音，
很快就明白和花瓶大小沒關係，更高和更寬的花瓶不一定會
讓聲音更大聲，通常聽起來比小花瓶的還糟。

經過 2 個小時的測試後，獲勝者是我們最小的花瓶，高度約 15 公分，開口直徑 12 公分，它撥放 Podcast 的聲音與更大的花瓶一樣大聲，但聲調較為清楚。只有當我們把手機揚聲器對著巫巫茲拉[2]時，才會變得更大聲。那個巫巫茲拉從 2010 年南非世界盃足球賽就放在我們家地下室了，不過它完全沒有競爭力，因為得用雙手將巫巫茲拉固定在手機上，還要扭著身子才能讓耳朵在喇叭前面，這樣你也沒手洗碗了。

空杯子的聲音

小花瓶比大花瓶多了什麼呢？首先是小花瓶有個圓錐面，底部的直徑較小，然後朝著頂部的開口面寬，這種漏斗形狀會讓聲波波前（Sound Front）愈來愈寬，導致音量向中間集中（喇叭、小號或長號看起長那樣不是沒有理由的），所以漏斗形狀是用來將下方引入的能量盡可能好好向上傳遞

2　譯註：Vuvuzela，長約 1 公尺的喇叭，常出現在南非足球迷常在觀賽時吹奏。

到空氣中。

其次是小花瓶有著完美尺寸。每個花瓶根據形狀及尺寸都有自己的頻率，而花瓶裡的空氣特別容易振動。當我把手機放在瓶壁厚實的落地花瓶裡時，音量會比放在果汁杯中時還大聲。

順帶一提，如果把耳朵靠在空馬克杯或空玻璃杯上，就可以聽到這些不同的固有頻率。或許現在你手邊正好有杯咖啡或茶，只要杯子裡的飲料不再冒熱氣，就可以隨意把耳朵靠在杯口上，你會先聽到嘶嘶聲，就像以前在沙灘上拿著螺殼彎曲的海螺貼近耳朵時一樣（小時候，我們都以為聽到了大海的聲音，後來才知道那應該是我們耳朵血液流動的聲音）。繼續聽下去，然後你就會發現真的聽到一個隨容器而異的音調，你甚至還能跟著哼。

為什麼會聽到這音調呢？杯子本身不會發出任何聲音，（希望）你也沒有耳鳴。其實這是因為你身邊的聲音都進到了杯子裡，不管短波或長波，所有可能出現的頻率都混合在一起，但是只有特定波長的噪音才會刺激杯子振動，原因是它恰好對上了相應的頻率，也就是杯子的固有頻率。

這個狀況與客廳的駐波一樣，壓力波（Pressure

Wave）會在杯子裡傳播，而空氣會短暫被困在杯底，那裡會在短時間內產生超壓力，它會自己釋放壓力並把空氣向上推，這個速度非常快，也就是所謂的聲速（Speed of Sound）。因為我們的杯子有個大開口（因為我們想方便的喝水），所以空氣有一條自由的路，它也像其他物質一樣具有慣性，一旦被推開就不會停下來。

如此一來，就會有很多空氣被快速擠出杯子，頂部開口出現的空氣比本來在那裡的還多。現在杯子底部變成了負壓力而非超壓力。環境空氣（Ambient Air）會非常快速地流進杯子裡來補充新空氣，而新空氣會再次聚在底部，並導致超壓力。壓力波則是以完美貼合杯子的節奏來回振動。

杯子的高度決定了空氣來回振動的狀況，如果杯子非常高，壓力需要更多時間來降壓和升壓；如果杯子低，這個時間就會比較短。所以空氣以杯子或花瓶的固定頻率振動，這個頻率範圍內的音量會被放大且變得純淨，聽起來不錯。

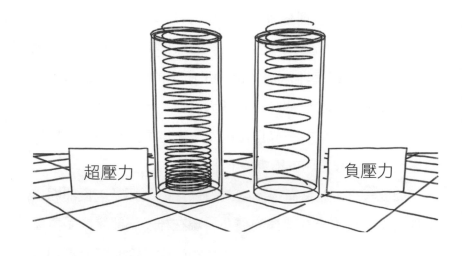

超壓力

負壓力

Podcast 可行，音樂不行

　　我們選出來的那個 15 公分高花瓶非常適合用來放大說話的音量。更小的容器，例如廣口玻璃杯也很適合這個用途（網路上也有很多用管子、馬克杯或玻璃杯自製而成的創意手機揚聲器），它們都能集中說話的聲音。

　　請注意，這方法只適合用於說話。我們女兒帶著那個測試冠軍花瓶進浴室，她終於能在淋浴時大聲聽到最喜歡的樂團。音樂很響亮，但聽起來非常糟糕。鈍鈍的、嘎嘎作響，聽起來就是不舒服。從 13 歲少女的角度來看，這是很讓人失

望的，但從物理的角度來看卻是非常有趣。

　　花瓶揚聲器不適合撥放音樂，因為它包含太多種頻率，如果想要聽好聽的音樂，你得從地下室拿出落地型的大花瓶，或是在洗碗時打開舊收音機。那臺收音機不管何時都放在廚房裡用來聽音樂，它有個非常棒的揚聲器，所有音調聽起來都很美妙，只是貓應該離它遠一點。

破壞日常生活的係數	●●○○○
提高工作效率的係數	●●●●○
致災潛力	●○○○○

眼鏡起霧
和看不清的鏡子

【濕度】

> ## 我們要怎麼控制空氣濕度，以便看得更清楚

現在我們來談談你覺得很無聊的空氣濕度問題。首先來解開這個謎題：你認為潮濕的空氣或乾燥的空氣哪個比較重？答案在本章章末。

不過在你看到答案之前，先來討論關於眼鏡起霧這個很惱人的問題，尤其是冬天從外面進到溫暖公寓時，特別令人困擾，而這個大家都知道的現象，直到最近才有一本書重視討論。後來新冠肺炎（COVID-19）疫情爆發，因為必須戴口罩，眼鏡起霧的問題從小眾變成大眾。由於配戴口罩的關係，眼鏡總是起霧，就算天氣不冷，呼出的濕氣也會沿著口罩向上飄。

我們兒子對此特別生氣，因為每天在學校得戴著眼鏡和口罩度過 8 小時，就算他把眼鏡推到鼻尖上，也沒什麼用。

他用了一個金屬架讓口罩緊緊貼在臉上，但還是沒有用。他買了防霧噴霧，但除了把眼鏡弄髒以外，什麼都沒改善。最後，他大部分上課時間都把眼鏡摘掉（這不只對他的眼睛不好，對成績也不好，因為雖然這樣他也可以看到黑板，但上面的內容不是都看得很清楚）。

兒子不斷的抱怨讓我們意識到空氣濕度有多討厭。這種存在於空氣中的水蒸氣混合了我們呼出氣體中的其他成分，例如氧氣或氮氣。我們能控制它嗎？有對抗眼鏡起霧的物理訣竅嗎？

問題在於，暖空氣可以容納的水蒸氣比冷空氣多。在口罩底下，靠近我們臉龐的空氣非常溫暖（這意味著含有大量水分），而我們還在口罩底下呼吸（這意味著含有更多水分），這種潮濕溫暖的空氣會透過口罩和鼻子之間的小縫隙往上傳播，並且碰到眼鏡。眼鏡這邊比較冷，因為它和我們身邊比較冷的空氣接觸著，我們呼出的空氣在眼鏡上冷卻並達到它的露點（Dew Point），其實也就是空氣的溫度「無法再留住多餘的水」了，水分會開始沉積在物體上，現在這情況是落在眼鏡上。

我們在浴室鏡子上可以看到更大規模的情況。洗完澡後，

鏡子就看不清了。這在一開始是不合邏輯的，因為我們會先把浴室加熱到淋浴時會舒服的溫度，而暖空氣能容納的水蒸氣又比冷空氣多，不過確切地說是「更多」，而非無限多。當你淋浴時，會有大量水蒸氣進到空氣中，數量甚至比我們加熱過後的空氣能處理的還多，最後會達到露點，相對濕度100%。這也意味著空氣無法容納更多水蒸氣，所以水蒸氣就會凝結在鏡子、磁磚、或窗戶上。除此之外，熱帶雨林也會有這麼高的濕度，那裡的濕度相對恆定在 90 ～ 100%。

什麼是讓人不舒服的空氣？

　　當你待在霧茫茫的浴室或悶熱的熱帶雨林裡時，其實真的不是很舒服。通常人類在濕度 50 ～ 60% 的環境會感覺比較舒適，這個濕度範圍足以保持口腔和鼻子黏膜的濕潤，但又同時足夠乾燥，讓我們可以替自己補充水分，就算不會總是意識到這件事，但其實我們一直都這麼做的。雖然運動時，可以明顯看到出汗，但我們也會以其他方式不斷出汗，每天會向空氣中釋放約 0.5 公升的水分，呼吸時也會再排出 0.5

公升的水分。（這就能解釋為什麼充分喝水很重要！）

以我們全家 6 個人為例，每天就會 6 公升的水從身體釋放到住家公寓的空氣中。空氣能容納所有的水分嗎？有兩種正確的物理方法可以找出答案，一個是我們做個實驗，把自己關在屋子裡 3 天，並在這期間緊閉門窗；另一個方法是我們動筆計算。

就算這個實驗是在新冠肺炎疫情封城期間進行，我們還是覺得很無聊，所以我們決定要動筆計算。我們家客廳面積有 20 平方公尺，天花板高度是 2.4 公尺，這樣有空氣的空間就會是 48 立方公尺。現在我們當然需要知道 1 立方公尺的空氣可以容納多少水蒸氣。

如前文所述，這個問題的答案取決於溫度，空氣愈暖和，要達到飽和狀態就需要愈多水蒸氣。想像一下，你現在站在氣溫約攝氏 35 度的沙漠中，每立方公尺的空氣中，會有 7.6 毫升的水分。你可能會發覺沙漠中的空氣非常乾燥，沒錯，因為這時候相對濕度只有 20%，也就代表空氣只吸收了它可以容納的水量的 20%，在沙漠中不可能再得到更多水分了。

但隨著夜色降臨，沙漠徹底降溫，像是撒哈拉沙漠（Sahara）就很常見到日夜溫差很大的情況。假設我們現在

所處的沙漠氣溫約攝氏 7 度、每立方公尺的空氣中有 7.6 毫升的水分，不過空氣比起先前已經冷卻非常多，所以可以容納的水分就會少很多。雖然空氣中的水分還是一直保持著 7.6 公升，但這時相對濕度會突然來到 100%。水分多寡沒有變化，但因為空氣能容納的量變少，所以相對濕度才會忽然變高。

　　順帶一提，這也是在沙漠中獲取水分的方式。夜晚時在地面鋪 1 層薄膜，用來收集清晨時分冷空氣凝結的水分。如果你夏天在車裡開冷氣降溫，車窗上就會因此出現很多冷凝水。不過，車子空調系統的設計者已經對此採取了預防措施，冷凝水其實會透過軟管排出車外，車內會舒適涼爽，濕度剛剛好。

　　水分是否會凝結不僅取決於空氣中水蒸氣的絕對含量，還取決於溫度。清晨，當霧氣還壟罩在草地上時，氣溫還很低，所以空氣不得不滯留一些水分在那裡。但是當氣溫回升，空氣變暖時，它就會再次吸收水分，這時霧氣就會消失。

冰漠冷凍庫

　　我們也可以在冰箱的冷凍庫觀察到這種效果。冷凍庫總

是整個結凍，壁面上覆蓋著雪晶（Snow Crystal），被遺忘的魚柳條整包像化石一樣凍結在這裡。帶冷凍庫的冰箱擺放在我們家最熱的空間，也就是廚房裡。我們會在這裡煮食、烘烤東西，光這樣就會產生許多熱量，所以我們根本不用替廚房供暖。但煮食和烘烤東西也讓這空間保有大量濕氣，煮東西時，向空氣中釋放的水蒸氣每小時多達 1,500 毫升，比淋浴時（多達 800 毫升）還多。

當我們打開冷凍庫，溫暖潮濕的空氣就會流進去，並立刻凝結成美麗但也非常討人厭的冰晶。解決這個問題的唯一方法，就是不要打開冷凍庫，這樣裡面可能就沒有冰晶。還是其實也可能會有冰晶呢？我們不知道，因為我們不會打開冷凍庫，這種情況就有點像著名的薛丁格貓實驗[1]。

---

1 譯註：奧地利物理學家埃爾溫・薛丁格（Erwin Schrödinger）將貓關在盒子裡並放入裝了少量氰化物的瓶子和放射性物質鐳，來進行量子力學實驗，如果鐳發生衰變，那麼瓶子就會被打破，貓就會喪命；如果，鐳不發生衰變，貓就會活著。但根據量子力學的理論，因為鐳楚於衰變與不衰變的疊加狀態，所以貓應該就會處於死與活的疊加狀態。這隻又死又活的貓就是所謂的薛丁格貓，而我們想知道貓的死活，得要打開盒子才會知道，但世上其實不可能存在又死又活的貓。

回到我們的客廳。在攝氏 20 度與舒適濕度 60% 的環境中，這裡每立方公尺的空氣含有 10 毫升的水分，我們的客廳裡有 48 立方公尺的空氣，所以這裡有 480 毫升的水分在傳遞，這數量還不到半公升。當我們晚上和朋友共 4 人待在客廳玩遊戲時，每個人每小時大概會釋放 50 毫升的水蒸氣（我們這裡的玩遊戲是指輕度體力活動，不是玩躲避球之類的）。也就是說，客廳每小時會增加 200 毫升的水蒸氣，所以相對濕度會穩定增加。客廳的濕度是從 60% 開始增加，前 2 個小時不會有什麼問題，但如果我們原地久坐又不通風，就會變得不舒服。

事實上，我們自己就能察覺出來，本不一定需要測量濕度的科技設備。當我們同處一室時，常會出現有人要求通風一下。如果我們不這麼做，相對濕度最終會是 100%，濕氣會都沉澱在屋子裡，落在家具、衣服、牆壁、和窗戶上。如果這種狀態持續更長的時間，那麼最終會發黴。黴菌喜歡潮濕，熱愛在長期相對濕度超過 80% 的地方成長。

所以我們必須把自己產生的水分排出去，定期通風就是為了散去二氧化碳和水分。這當然只在戶外不潮濕的情況下才有用，像是夏天的溫暖空氣就會帶來大量水分，因為它所

含的水蒸氣比室內更多，所以夏天要在清晨或晚上空氣尚且涼爽的時候通風才有意義，之後一部分的水蒸氣就會凝成露水積在草地上，不會帶到我們身上。

適度通風

如果是冬天，不特別注意通風時間也沒關係，全天候都可以偶爾讓屋子通風一下。不過冬天時候我們都會很想關上窗戶，天氣實在冷得讓人不舒服。我們家分成兩派，熱愛開窗引進新鮮空氣的和喜歡只穿 T 恤的。有人每天要開窗好幾次，不管外面是不是很冷，但其他人不想被凍壞。有個堪稱經典的早晨是這樣的，茱迪絲是第一個到廚房並打開窗戶的人，1 分鐘後馬庫斯來了並把窗戶關上，之後我們女兒來了並再次打開窗戶，她的兄弟對此大聲抱怨，這種情況在我家時常上演。

對只穿著 T 恤的人來說，冬天時每次開窗通風都會讓公寓變冷，這是理所當然的事實，而且電暖器還必須再次替屋子加熱，又要多花錢。這就是專家建議迅速大力打開窗戶後立刻再關上的原因，永遠都不要讓窗戶直接敞開。我們早上

那輪流開關窗戶的混亂場景,讓我們無意中幾近達成了完美
的空氣交換。

壞空氣的發明者

我們在房間裡是不是感到舒適,當然不只取決於濕度,
還有氧氣、二氧化碳等空氣成分,它們的濃度決定了房間裡
是不是有「壞空氣」。早在 1858 年,科學家馬克思‧佩滕
科弗(Max vonPettenkofer)就對這些因素進行深入研究。[2]
其實佩滕科弗就是「壞空氣」的發明者,他針對衛生和其對
人類健康的影響進行了討論,也熱中於做實驗。他很有名的
是對自己做實驗,他吞下某種霍亂病原體的培養物,以證明
它不會導致霍亂,最後他只有稍微拉肚子。

佩滕科弗把房間盡可能密封起來,然後記錄受試者感到
舒適的空氣成分。他發現空氣中二氧化碳含量低於 0.1% 的

---

2 Max Pettenkofer: *Über den Luftwechsel in Wohngebäuden.*
   Cottaesche Buchhandlung, München 1858.

情形最受喜愛，這相當於 100 萬顆空氣粒子中有 1,000 個二氧化碳分子。佩滕科弗也發現，在這個狀況下受他人氣味干擾的程度最低。長久以來，這個佩滕科弗數值被當成空氣品質的基準，直到最近才被更具差異化的標準取代。

　　佩滕科弗在他的實驗中禁止空氣進出。他認為牆壁對空氣交換有很大幫助，於是在「呼吸牆」（Atmende Wand）這個實驗中，他將磚造牆的每一面都密封起來，但發現空氣還是可以被強制流通。他的結論是，透過牆壁進行空氣交換對良好的室內空氣品質很有幫助。其實情況並非如此，[3] 這是因為佩滕科弗在壓力很大的地方做實驗，但我們一般人生活的家裡並非如此。不過值得注意的是，就算是在那個年代，他也寫了現代建築的牆壁空氣交換效果不佳。這點直到今天也是如此，我們房子的隔熱效果愈好，就愈要留意房子裡的濕氣不會凝結，因為絕緣愈好的房子，就會將屋裡、屋外區隔得愈好。

3　H. Künzel: *Kritische Betrachtungen zur Frage des Feuchtehaushaltes von Außenwänden*. Gesundheits-Ingenieur, 1970.

如果你對不斷通風、加熱和清潔眼鏡感到厭煩，你可以記住冷凝的正面影響，像是沒有冷凝就沒有雲。雲的形成原因是空氣在更高的地方冷卻，無法再留住水分，而且水蒸氣凝結了。我們的頭頂上飄浮著大量的水，根據雲的大小，要有 100 噸重的水並非難事，這可是多達 20 隻大象的總重量。這些水有時候會落到我們頭上，如果雲變得太重就會下雨，這絕對是濕度的一個正面影響，因為我們真的不想沒有雨水（尤其去年的夏天極度炎熱，讓我們再度意識到雨水的價值）。

此外，潮濕空氣的舞臺效果也不容忽視。我們的科學節目中有個實驗，是把液態氮注入幾公尺高的空氣中。氮氣蒸發了，強烈冷卻了空氣，將空氣所含的水蒸氣凝結成雲。這個實驗在空氣相當乾燥時，成效「很好」；而在空氣潮濕時，成效則是「很棒」，空氣會產生非常密實的雲朵，然後慢慢降到地面。

順帶一提，你剛從冷凍庫拿出冰淇淋時，也會看到和我們這個實驗類似的狀況。你常常可以看到有霧從冰淇淋上往下飄散，空氣愈潮濕時，這個狀況愈明顯，不過在完全乾燥的空氣中是看不到的。

加熱眼鏡和其他小訣竅

雖然我們無法防止冷凝出現在惱人的地方,但至少可以稍微欺騙一下,有個可能的做法是將空氣加熱至臨界點,讓它吸收更多水分。例如,吹乾浴室的鏡子,雖然耗時很久,但有用;或是可以用毛巾擦拭鏡子,但通常會立刻再次起霧。

我們去日本出差時,發現一個聰明的解決辦法,旅館的鏡子後面裝了一個小型加熱線圈,能加熱一個便條紙大小的區域,這個區域就不再是房間裡最冷的地方之一,而且鏡子也沒有起霧。如果你想用毛巾達到同樣效果,只要拿毛巾用力擦鏡子,這樣鏡面就會變熱一點,效果也會一樣。

這是個好主意,但很遺憾並不適用於起霧的眼鏡(儘管我們好像可以加熱鏡框,是吧?)。如果你願意的話,可以試試利用乾肥皂或洗碗精,將它們輕輕擦在鏡片上,然後用軟布、眼鏡布、或其他超細纖維布來擦亮鏡片(要小心,不要刮傷鏡片)。現在應該比較不會起霧了,肥皂會留下一層薄膜,雖然這並不能防止水分凝結,只能讓水分在鏡片上形成一層非常均勻的水膜,而非凝成水滴。肥皂會降低水的表面張力,讓鏡片上不會有水滴,眼鏡戴起來才會舒服。這個

辦法也適用防止鏡子起霧，不過鏡子和眼鏡上的肥皂膜必須
每幾天就更新。

　　如果你手邊沒有這些東西，還有另一種生物性的魔法藥
水：口水。或許你已經從游泳池知道了這個訣竅。在游泳池時，
泳鏡和潛水面鏡都會起霧，原因如前文所述，泳鏡下面的空
氣會逐漸變得更潮濕，並凝結在溫度比較低的泳鏡鏡片上。

　　這時如果你用力在泳鏡上吐口水並擦拭一下，就能
解決起霧的問題。我們的口水主要成分是水，但還有對
我們幫助很大的蛋白質，其中的關鍵蛋白質是黏蛋白
（Mucoprotein）。基本上，黏蛋白就只是種黏液，植物、
動物和人類都能形成，我們吃東西時，黏液有助於讓咀嚼過
的食物從食道滑進胃裡。不會讓人胃口大開，但很有用！

　　現在，如果你在泳鏡上吐口水，蛋白質會分散在泳鏡上，
而且不容易用水洗掉（試著不用任何清潔劑洗滌有奶油起司
醬〔富含蛋白質〕殘渣的盤子，你會知道這有多難洗）。冷
凝水會從泳鏡上滴落，視線會變清晰。如前文所述，我們兒
子在學校也遇到戴口罩時眼鏡會起霧的問題，我們提供他這
個建議，但他拒絕了（「我才不要對我的眼鏡吐口水！」），
其實我們也不驚訝。但純粹從物理的角度來看，我們知道這

個方法會奏效。

　　最後，我們還有本章開頭的謎題沒解答。潮濕和乾燥的空氣哪個比較重？也許你會認為既然我們這麼問，答案只會是乾燥的空氣。答對了！以物理的角度來看，乾燥空氣的密度高於潮濕的空氣，我們一開始對這個事實感到驚訝，但如果你稍微思考一下，就會知道這是合理的。

　　想像一下，在水蒸氣飽和的攝氏 20 度空氣中，1 立方公尺的空氣含有 17.3 克的水分子，[4] 水分子會從空氣的其他分子之間快速穿過這裡。濕氣只是空氣的一小部分，畢竟空氣中每 43 個粒子就有 1 個水分子，其他分子則是氮氣、氧氣、和氬氣，微量氣體（二氧化碳等）在這裡可以忽略。

　　現在來乾燥我們的潮濕空氣，像是在裝修房子的時候就安裝好除濕機，而這實際上就意味著所有水分子都會從我們的空氣中消失。外部的空氣會流入以平衡壓力，最後所有水分子都被換成了空氣。其實我們真的可以這樣想，因為氣體的體積幾乎是與它由哪種粒子組成無關，只有數量會保持不變。

4　對應正常的環境壓力，這時的氣壓為 1,013 hPa。

　　1 個水分子重 18u（「u」是原子和分子的重量單位），而空氣中的其他分子平均重量比較重，為 28.9u。當我們除濕時，較輕的水分子會被去除，由其他較重的分子替代，所以乾燥的空氣實際上會變得比潮濕的空氣還重，以 1 立方公尺的空氣來計算，這個差異大約是 10 克。

　　雖然如此，但夏天溫暖、潮濕的雷暴空氣會讓人覺得很沉重，這時水分會沉澱在我們的皮膚上，讓我們更難以出汗，令人感覺不舒服，所以其實知道乾燥的空氣更重其實沒有用。

破壞日常生活的係數　● ● ● ● ○
提高工作效率的係數　● ● ● ○ ○
致災潛力　● ● ○ ○ ○

安息吧！手機

【擴散作用】

> 爲什麼 iPhone 會因爲擴散作用壞掉，但同樣的作用卻會帶給我們脆口的胡蘿蔔

如果你吸了氦氣，聲音會變得像米奇一樣，響亮、刺耳、做作，非常有趣。氦氣是一種輕質氣體，聲音在其中傳播的速度比在空氣中快（只有氫氣的密度比它更小），所以我們的聲音才會聽起來比較高音。因爲這樣很有趣，所以我們家孩子到我們工作室來的時候，偶爾可以吸氦氣，但只能吸一點點，而且得在可以控制的情況下進行，因爲氦氣並非沒有危險。就算氦氣是輕質氣體，可以自行從肺部逸出，但如果吸太多，可能會導致肺部空氣太少，有出現過昏倒、摔倒、或撞到頭的情況，所以吸氦氣要小心。

錄製電視節目時，我們被要求替知名嘉賓找到吸氦氣的安全方法，同場的會有優秀的喜劇演員暨主持人維嘉德・寶

寧（Wigald Boning）。這個計劃是建造一個可以整個人走
進去的盒子，裡面含有健康比例的氦氣和氧氣，寶寧和他的
搭檔應該要小心翼翼地快速溜進去。因為氦氣是輕質氣體，
會飄浮在上方，所以我們可以將盒子放在架子上，讓底部成
為出入口，這樣寶寧就可以從下面進去。

　　這個盒子實驗非常成功！寶寧的聲音聽起來就像米奇一
樣，我們很滿意，電視臺也很滿意，直到寶寧在錄影結束後，
再次以正常聲音跟我們説他帶進盒子裡的手機壞了，那是剛

買沒多久的 iPhone 6，他真是太生氣了。

我們非常驚訝，但沒有生出內疚之意。氦氣是一種惰性氣體，非常懶惰，它不會跟氧起反應，不會燃燒，也不會和其他物質形成化合物。而且排練時我們也都帶著手機進去盒子，沒有任何人和設備遭到損壞，有個工作人員也帶著蘋果（Apple）手機進去過氦氣盒子，但仍然完好無缺。

所以我們有禮的回答說無法解釋為什麼會造成這種損害。然後這件事就過了，但我們還是把它當成一件怪事記在心裡。幾個月後，我們偶然發現芝加哥莫里斯醫院（Morris Hospital）系統專家艾瑞克・伍德里奇（Erik Wooldridge）的報告。

2018 年，他剛剛替醫院安裝了一臺核磁造影（MRI）機器，那時醫師和護理師遇到了問題，就是機器附近的手機都壞了，連智慧型手錶也是。伍德里奇第一個驚人的想法就是那臺 MRI 機器正在發射電磁輻射，那可是個大問題。要是這樣，不只手機會受影響，其他相關的醫療設備也會，這些設備還真不少，但它們都很正常。

伍德里奇查看了壞掉的手機，發現都是蘋果的產品，手機和手錶一共 40 支。可能會是什麼原因呢？伍德里奇

在網路論壇「Reddit」發布了這個問題，其他系統管理人員很快就猜測罪魁禍首可能是用來冷卻 MRI 機器的氦氣，畢竟這個設備需要幾百公升的液態氦來冷卻超導磁鐵（Superconducting Magnet）。

　　情況真的是這樣，伍德里奇發現有個小地方出現氦氣洩漏的情況，但還是不能解釋為什麼會對 iPhone 有影響。當伍德里奇把壞掉的手機和手錶並排在一起時，可以清楚看到愈新的受損愈嚴重，所有壞掉 iPhone 都是 6 系列以後的，Apple Watch 則是 0 系列以後的，那個工作站只有一支 iPhone 5 還能正常運作。

　　我們注意到了這個情況，於是詢問我們的工作人員用的是哪個型號，是 iPhone 5，顯然它恰好夠舊，不像寶寧的手機是新型號，才能歷經氦氣卻完好無損。現在問題來了，新型號有什麼不同？為什麼會受到氦氣影響？

爲什麼只有新型號的 iPhone 壞掉？

　　如果德國國家賽艇隊（Deutschland-Achter）要參加比賽，當然就需要非常厲害的賽艇運動員，但也需要領槳手

來設定節奏,而領槳手的角色對應到每部電腦和智慧型手機中時,稱為振盪器(Oscillator),會接收小的電脈衝使其振盪,而振盪速率決定了手機處理器中計算步驟的頻率。

現在想像一下,德國國家賽艇隊的領槳手在賽前喝醉了,他宿醉得太厲害,無法正確數節拍,一開始數太快,然後整個人向後倒,睡死了。這樣一來,其他 8 人就亂了節奏,尤其領槳手一開始的節奏就突然快了一倍,讓運動員沒多久就精疲力竭。這其實就是 iPhone 曝露在氦氣之下所做的事。

為什麼 iPhone 的振盪器這麼容易受刺激?簡單來說,是因為它有點太過靈敏。這與蘋果所用的振盪器類型有關係。現代多數電腦是用小型石英晶體在執行這個工作,它們會在壓力下非常迅速地膨脹和收縮,受到電脈衝的刺激而振盪,這個偉大的技術可以精準保持節拍。

可惜的是,石英晶體有些缺點,它們相對來說比較厚,也對冷、熱、灰塵、濕氣、和撞擊非常敏感。晶體必須受到保護,像是利用陶瓷外殼,不過陶瓷外殼既昂貴,生產過程又複雜。除此之外,我們還希望智慧型手機輕薄方便,所以蘋果公司和其他所有製造商都一樣,努力尋找較小的零組件,愈小愈好。

　　蘋果公司發現了 MEMS 晶片，MEMS 這個字是 Micro Electro Mechanical Systems（微機電系統）的縮寫，這是個很小的零組件（完整的邊長只有 0.1 公分），即使是更小的矽薄片也會其中來回振盪，而那個薄片小到只能用電子顯微鏡才能真的看到。

　　MEMS 振盪器與石英晶體相比，具有許多優點，它更準確、更便宜、更耐用，而且對低溫不太敏感。但它的致命弱點就是氦，石英晶體不會受到任何氣體的影響，但使用的是 MEMS 振盪器時，氦原子會以驚人的速度移到晶片中，只要 4 ～ 8 分鐘，我們實驗中的手機就再也沒動靜了。

水進不去手機，但氦氣可以

　　一般智慧型手機都有防水功能，但是氣體還是可以輕易進入，尤其是像氦氣這種輕質氣體，這背後的原理為擴散作用。簡單來說，擴散作用是指氣體或液體內的粒子混合，直到到處都有相同的數量。這個作用很實際，因為透過這種方式氧氣才能分布在我們所呼吸的空氣中的任何地方，不然可能會出現我站的地方是純氧，但離我 2 公尺遠的你吸到的是

氮氣，這樣就糟糕了。

1827 年，蘇格蘭植物學家羅伯特·布朗（Robert Brown）用顯微鏡觀察花粉時，發現了這種現象，他看到花粉微粒在不斷地移動分散。這個理論以發現者的名字命名，稱為「布朗運動」（Brownian Motion）。1905 年，愛因斯坦發表關於「分子動力學理論」（Molecular Kinetic Theory）的開創性著作時，就是以此為基礎。愛因斯坦的結論是，在液體和氣體中一定有微弱、不可見的粒子在來回推動花粉。所以「布朗運動」證明了原子和分子的存在，而且它們會不斷地運動。

當寶寧帶他的新 iPhone 進去氦氣盒子時，四周有很多氦氣，但是手機裡面的振盪器晶片並沒有，那裡通常是真空狀態（這些零組件是在氫氣環境中生產的，之後會低溫烘烤，讓氫氣溢出，並保持真空）。現在氦氣迅速擴散到晶片中，以補償濃度梯度。

突然出現的氦氣讓振盪器整個迷亂了，薄片變成在稀薄的空氣而非真空中振盪，頻率發生了變化。控制振盪的電子設備以混亂的方式做出反應，手機領樂人發出或快或慢的振盪指令，最後整個精疲力盡放棄了。這個測試顯示，智慧型

手機一開始會運作得比較快，然後變更慢，然後就沒反應了。

其實對多數 iPhone 使用者來說，遇到這種狀況的風險很低，因為很少人會在附近有氦氣的環境工作，所以蘋果公司決定使用矽振盪器是可以理解的。蘋果公司也在積極處理這個問題，甚至在使用手冊中列了這個問題，建議乾脆把已經被氦迷昏的手機單獨放置幾天，等到 1 週後，氦氣應該就會從振盪晶片中擴散出來。

擴散的樂趣

當你是受害者，等著氦氣從你的手機散出來時，可以在家裡做一些很不錯的擴散實驗（現在你沒手機可以看新聞或 Instagram 上的短片，有很多閒暇時間）。例如，你可以利用擴散作用讓疲軟的胡蘿蔔再次變脆口。

做法：

將杯身較高的玻璃杯裝滿水，然後把胡蘿蔔放進去。將這個玻璃杯放到冰箱冷藏，1 天（最多放 2 天）過後，胡蘿蔔就會再次變脆口。

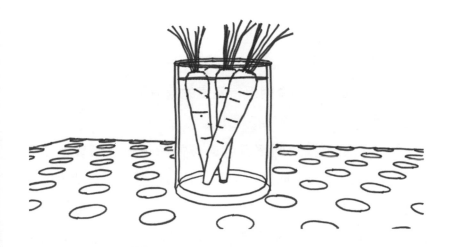

　　這裡會發生的事和寶寧在氦氣中的手機一樣，只不過我們是特意為之。本來的胡蘿蔔已經有點乾掉了，現在放在杯子裡被很多水圍繞著，其中有些水分就會擴散到胡蘿蔔中，使其再度變得脆口。順帶一提，胡蘿蔔吸水後，會變粗一點，所以不要用太小的玻璃杯來做這件事，否則你可能無法把再度恢復新鮮的胡蘿蔔拿出來。

利用滲透作用來煮食

　　現在我們已經有手機和胡蘿蔔的這兩件事需要等待，物理學的車輪慢慢地在轉動，我們不安地在屋子裡徘徊，而且

通常我們無聊的時候，就會想到食物。我們可以快速煮些什麼呢？地下室裡還有一瓶香腸罐頭。我們把香腸放在平底鍋裡，將水倒進去，然後開火。真是大錯特錯！香腸會爆開，這樣看起來不好吃。感謝物理！

這當然是因為我們沒有考慮烹煮時也會有擴散作用發生，更精準地說，是擴散作用的延伸：滲透作用。這裡所指的是水滲透過某部分滲透層，這個滲透層有些物質可以通過，有些則不可以（科學家稱為半透膜〔Semipermeable Membrane〕）。

你可以把半透膜想像成篩子，小朋友可以用來從沙坑的沙子篩出小石頭，或者像是很多德國高速公路服務區收費非常昂貴的廁所裡的兒童通道，超過 110 公分的人都無法站直身子穿過那個洞（但這個例子不太完美，因為比較高的小孩其實還是可以彎腰進去，這對我們這種 6 口之家並非不重要，否則每次上廁所都要花 6 歐元〔約新臺幣 18 元〕。）

我們的維也納香腸就是裹著像這種半透膜的腸衣，它會讓水通過，但鹽不准。香腸裡含有很多鹽，雖然它周圍的水裡沒有，但鹽無法通過腸衣，所以香腸的鹽分無法釋放。因此只有一個方法可以補償鹽的濃度梯度，就是香腸必須吸收

更多水分。的確是應該這樣做。讓水流進去，直到香腸的腸衣破裂為止。如果我們是直接在用鹽水或香腸罐頭裡的醃漬液來加熱香腸就好了，當水中的鹽分和香腸中的一樣多時，就不會發生滲透作用。

如果是香腸，你可能吃不出腸衣完好無損和腸衣爆開的香腸之間的差異，所以我們再以水煮牛肉來當另一個例子。如果你想煮出最美味的水煮牛肉，用來烹煮的水分所含的鹽量最好盡可能與牛肉接近，以免牛肉失去風味。但當你想煮的是牛肉湯時，情況正好相反，這時是希望味道從牛骨釋出到水裡，所以不另外替水加鹽是合裡的。

煮麵條的時後就不一樣了，你應該事先替水加鹽，這樣麵條才不會喪失本來所含的少量鹽分。另外，蔬菜沙拉只能在上桌前才調味，否則蔬菜放在醬料中的時間愈久，菜盤就會變得愈濕，因為蔬菜會將自身所含的水分釋放到酸鹼環境中。

起皺的手指和腳趾

當我們清洗煮香腸的平底鍋時，會看到泡在洗碗水裡的手指指尖起皺。

　　我們常常讀到這和滲透作用有關，理由是我們體內溶解的鹽比洗碗水裡的還多，所以水會流進我們的皮膚細胞，導致它們膨脹，尤其是長繭的地方。但這種解釋根本不合邏輯，因為在這情況下，我們應該是全身都會起皺，而非只有手指和腳趾。而且實際上手指頭看起來並沒有膨脹，而是收縮起來了。

　　科學家對此提出了另一種解釋，他們注意到神經受損的人想泡在水中多久就泡多久，手指不會皺縮，所以這一定和神經有關。目前已知，當我們長時間接觸水時，交感神經系統會導致手指指尖和腳趾趾尖的血管收縮，導致皮膚收縮。

船隻因為滲透作用而沉沒

　　水手可是最討厭滲透作用的人，因為滲透作用可以讓船隻沉沒，怪不得水手談到滲透作用就跟談到什麼棘手疾病一樣。船隻會出現「滲透作用」和「被滲透作用影響」的情形。具體來說是和水下船體有關，尤其是以前舊船通常用玻璃纖維強化塑膠（Glass Fiber Reinforced Plastic）製成，還會樹脂加工，但它不是永久防水，所以水會擴散到船壁中。水就聚集在小縫隙裡，積層板都會有這種縫隙，而樹脂會分解

變成酸，樹脂在慢慢變薄時，會把更多水分吸入縫隙中，而液體會將船身的油漆（也就是所謂的膠衣）當成氣泡向外推。如果這個氣泡破裂，那麼積層板就會在沒有任何保護的情況下，曝露在海水中，然後壞的愈來愈嚴重，如果這件事沒被注意到，那麼船最後會沉沒。

事實上，這種損壞早就曾經奪走人命，主要發生在下水多年的船隻上。只在春天和夏天航行，冬天將船弄乾，這樣水手面臨的問題就比較小，至少他們還有命去認識陸地上滲透作用造成的破壞。所以如果你想展開一場海上長途旅行，最好買艘比較現代的船，使用的樹脂較防水且更耐滲透，你必須要先知道這一點。

寶寧現在已經原諒我們讓他的 iPhone 發生那場意外事故，他沒有等氦氣自行逸出，而是直接把手機帶到蘋果商店進行檢查，得出的結果是水損，所以他獲得一支新手機。

破壞日常生活的係數　●●○○○

提高工作效率的係數　●●●●●

致災潛力　●●○○○

13 那光芒眞美！

【輻射】

> 我們經常曝露在放射性輻射下，甚至吃遭到放射性汙染的食物，這樣很危險嗎？

　　我們真的很討厭說這個故事，如果需要敘述，會出現在關於放射性的章節裡，畢竟這是一場自己造成的核事故。

　　這起事故發生在大學生涯即將結束的某個實驗日，講座、實際操作、實習都已經通過了，現在只剩下論文。馬庫斯的論文主題是：醫學物理學，論放射性植入物是否可以對抗眼部腫瘤。這個實驗的主要角色是 γ 粒，大約是米粒那麼小的發光膠囊。外殼的材料是鈦，裡面放了放射性碘 125 粒子。當碘 125 衰變時，會產生 γ 輻射，對人體造成傷害。

　　為了測量輻射，這些放射性顆粒必須黏在實驗上的塑膠塊上，當然還會加上嚴格的安全預防措施，這讓整件事變成一場技巧遊戲：馬庫斯和那裡的工作檯間有面大概 40 公分高

的鉛磚牆，上面放了塊鉛玻璃板當成傾斜屋頂，馬庫斯不得
不繞過這塊玻璃，他當然不會空手而來，戴著厚重粗手套的
雙手各握著一把鑷子。你可以想像這個場面就是在小孩的生
日派對上，你戴著厚手套、圍巾和帽子，然後用刀叉打開一
塊巧克力。這是吃放射性巧克力大賽。

　　就像小孩生日派對的吃巧克力大賽一樣，裝扮成那樣的你
無論如何都會輸。馬庫斯拿的不是巧克力，而是一個放射性顆
粒。它剛剛從鑷子上滑落下去，只聽到啪噠一聲就不見了。我
真的沒有誇張，那個能是我整個物理系大學生涯最糟糕的時刻。

　　尤其是你戴著護目鏡還不得不彎腰翻過鉛磚牆時，要如
何找到只有 0.1 公分大小、根本毫不起眼的銀色顆粒。看起
來根本沒有希望。幸運的是，在幾分鐘的震驚後，腦袋又能
進行邏輯思考了，馬庫斯想著放射性物質會做什麼？發射輻
射。他拿了一個蓋革計數器[1]，慢慢移過工作檯面，結果計數
器顯示某個角落的放射性明顯高於其他地方，原來不見的鈦

---

[1]　譯註：Geiger Counter，用來於探測游離輻射的粒子探測器，通常用於
　　探測 α 粒子和 β 粒子，也有些型號也可探測 γ 射線及 X 射線。

膠囊就在工作檯面最邊緣的地方。

如果你現在想著：感謝上帝，我讀的不是物理系，不用處理放射性輻射。那我們必須讓你失望了。放射性輻射是我們環境的一部分，我們全都接觸過，不管是我們走在鵝卵石上、搭飛機去度假或吃香蕉的時候。沒錯，香蕉也有，它不僅含有具放射性的鉀，還含有酒精。我們開始想知道為什麼德國最受歡迎的水果排行榜上，香蕉僅次於蘋果（或者，這就是為什麼？）。

為什麼香蕉含有放射性物質，而蘋果沒有？這和兩種水果中包含的原子核有關（是原子核，而非蘋果種子！）。我們身邊絕大多數原子的原子核都是穩定的，無論是飄在空中、放在手機電池裡，還是存在於蘋果中，它們都保持原本的樣子，這些穩定的原子核並不關心整個原子會形成哪種化合物。

不過，某些類型的原子核具有自發裂變（Spontaneous Fission）的特性，被稱為放射性核種（Radionuclide），在這過程中，會產生能高速傳播的高能射線或粒子。這種游離輻射（Ionizing Radiation）能奪取其他原子或分子的電子，或以化學方式改變它們，它分成幾個級別，以輻射的功率和它能造成多少傷害來分別。

1. α 輻射：例如由空氣中氡氣衰變產生，這會產生帶兩個正電荷的氦核（Helium Nucleus），它在空氣中的射程不遠，我們只要有張紙，就可以保護自己免受它的傷害。所以 α 輻射對人類來說相當無害，除非放射性物質被吸入或以其他方式直接進到人體中。

2. β 輻射：當天然存在的鉀 40 衰變成鈣 40，會從原子核中逸出一個電子，它的射程要比氦核還要遠很多，因為它不只小很多，還有另一個原因是電子一開始幾乎是用光速在移動。為了保護自己免受 β 輻射傷害，你需要比紙更硬的保護，金屬製的隔板（最好是用鉛製成的）會更受歡迎。

3. γ 輻射是電磁輻射：它可以說是紫外線的大姊，但波長更短，能量更大。γ 輻射是射程最長的游離輻射，在放射性衰變過程中，當受到刺激的原子核改變其狀態，並於此過程釋放能量時，產生了 γ 輻射。當馬庫斯找不到那顆放射性膠囊時，我們就在實驗室處理這種輻射。

　　高能電磁輻射特別容易穿透大多數的物質，包含人體在內，所以我們如果摔斷了腳，就會照射 X 光（但在 X 射線機中，電磁輻射是利用高壓產生，所以其中不需要放射性物質）。

　　現在的我們知道應該要盡可能少照 X 光，不過在我們孩提時代，情況有點不同。例如，那時候我們買鞋子時，總是先照 X 光檢查一下，好確定鞋子是否合腳。聽起來很不可思議嗎？但當時的情況的確是這樣。在 1970 年代的一些鞋店裡（例如，下薩克森州〔Niedersachsen〕須朵夫〔Schüttorf〕的羅舍〔Rosche〕鞋店），你會站在一個木頭盒子裡，然後把腳趾放進去。

窺視孔

然後你可以從上面窺視這個盒子，會看到一個物理奇蹟，也就是我們腳的 X 光片。現場直播。X 光，也就是高能電磁輻射，會從腳底下穿過腳板，直接照射到腳盤正上方的一種電視螢幕上。在這個發著綠光的玻璃板上，我們可以看到腳是怎麼卡在新的鞋子裡，還有我們是否能扭動腳趾。

不用說也知道，我們小時候總是試穿過很多雙鞋，那時候我們的腳受到了很多輻射，現在想起當初那些整天站在機器旁邊，沒穿防護衣就替顧客提供建議的鞋店女店員，我們都會不寒而慄。不過，當時認為這東西真是太棒了！

就算腳沒有受 X 光照射，我們也經常曝露在游離輻射下。它存在於空氣中、岩石中、食物中，甚至來自天空。儘管它的來源這麼多樣，幸好有物理學，全都可以互相比較。輻射的曝露劑量以西弗（Sievert, Sv）為單位，這個單位還包括一個非常重要的值，接下來我們會介紹，可以參考這個值來分類不同危險程度的輻射源。德國游離輻射的平均自然曝露劑量是每年 2.1mSv，這當然是以沒有發生車諾比（Chernobyl）核事故，而且你也沒有照射 X 光為前提，否則絕對超過這個劑量。

　　自然游離輻射從何而來呢？大約有一半是來自放射性氣體氡所在的空氣，其他則是來自各種礦物的地面輻射（Terrestrial Radiation）、我們食物中的放射性物質，還有宇宙射線。

　　所以每年 2.1 mSv 的輻射劑量當然只是個平均值，還會根據你的住家型態和居住地區有很大變化。例如，在德國南部，空氣中氡的濃度是較北部地區的好幾倍，這是因為氣體到達地表所碰到的岩石不同。

　　如果你家地板全面鋪設花崗岩，這樣會給住家帶來略高的輻射曝露劑量，因為花崗岩內含幾種放射性核種，包括一小部分鈾。如果你喜歡吃巴西堅果（Brazil Nuts），那麼可以攝取到重要的微量元素硒（Selenium），還有一些放射性核種。當你住在高山上時，會比站在北海的堤防上獲得更多宇宙射線。

　　我們用表格統整了一些輻射源，製作成類似放射性的熱量表：

輻射源	年劑量（單位：mSv ／年）
氡	1.1
地面輻射	0.4
食物	0.3
宇宙射線	0.3
自然輻射總量	2,123[2]

事件	每起事件的劑量（單位：mSv）
吃一顆巴西堅果	0.0004
手臂照 X 光	0.005
肺部照 X 光	0.02
身體接受電腦斷層掃描	8
接受冠狀動脈氣球擴張術期間照 X 光	15 ～ 20
搭機來回法蘭克福與紐約	0.1
在外太空停留半年	120
醫事人員每年限額	20

---

2 Bundesministerium für Umwelt, Naturschutz und nukleare Sicherheit (BMU), Umweltradioaktivität und Strahlenbelastung, Jahresbericht 2018.

如你所見，其實真的可以測量出香蕉的游離輻射，每根香蕉的游離輻射相當於 0.1 微西弗（μSv），是年平均劑量的十萬分之 4.7。據說當一船香蕉抵港時，美國港口的探測器早就已經啟動。

如果你想問吃多少香蕉不會得癌症，好消息是盡情的吃吧！因為放射性鉀會排出體外，並不會留在體內。儘管如此，科學家們（也許是開玩笑）還是引用了「香蕉等效劑量」（Banana Equivalent Dose, BED）這個術語，我們可以使用「香蕉等效劑量」（等於 0.1μSv）來比較生活中的其他放射源。在鵝卵石上走 1 小時，等於 2 根香蕉，因為鵝卵石由花崗岩製成。搭飛機前往美國，最多就是 1,000 根香蕉。

感謝宇宙射線

每年大約有 3,000 根香蕉的宇宙射線從外太空來到我們身邊，聽起來很像超級英雄降落地球的場面，但這背後隱藏了一連串質子和氦核，也就是 α 粒子。當這些粒子觸及地球的大氣層時，會發生碰撞並加速空氣分子，這樣會產生其

他粒子的陣雨，但只有一小部分會到達地球，其他的仍舊飄浮在外太空。所以國際太空站上的宇宙射線強度是地面上的 800 倍。

　　雖然宇宙射線在我們日常生活中的作用很小，但我們應該感謝它們，科學家推測它們可能影響了地球生命起源。要形成複雜的化合物，就需要能量和一定程度的混沌，而來自外太空的輻射可能就促成了這些混沌。

　　就算在地球大氣層的較低層位置，宇宙輻射還是會導致帶電粒子的出現，這些粒子會在雷暴期加入作用，雷雲中的高壓只有存在足夠的移動電荷時，才能釋放。你看，因為閃電也被認為有對地球生命進化發揮作用，所以再次證明宇宙射線很酷。

是危險，但是……

　　自然放射性輻射現在對我們有危險嗎？簡而言之，有，不過後面還加了但是。首先，之所以有危險，是因為游離輻射帶來的危險在於它會改變分子，如果輻射擊中身體細胞，

那麼細胞就可能會死亡，無法再進行繁殖，或是其遺傳物質會出現變化，後者可能會導致癌症或白血病。從理論上來說，對我們不利的粒子只要遇到一個就夠了。

現在很快速地談談後面那個「但是」。會帶來危險的基因改變，其實可能性極小。游離輻射造成的額外死亡率其實很難量化，因為通常罹患癌症後，不可能回頭確定是受到化學、病毒或輻射影響，或者其實不是外部因素所引起的。事實上，年齡、性別和受影響的器官也扮演了重要的角色。

例如，很顯然頻繁飛行會增加罹患癌症的風險，但這點很難證明。儘管有研究發現，飛行人員罹患癌症的風險增加，[3]但也可能是航程中不規則的睡眠模式和客艙中的化學物質影響了統計數據。游離輻射的問題始終都是統計數據。對太空人來說，飛去火星意味著有非常多的輻射，不過相關的罹癌風險還是低於因吸菸成癮而亡的重度癮君子。

3　Cancer prevalence among flight attendants compared to the general population. Eileen McNeely, Irina Mordukhovich, Steven Staffa, Samuel Tideman, Sara Gale & Brent Coull, Environmental Health volume 17, Article number: 49 (2018).

因為有了這些困難，身體變虛弱和長期游離輻射造成的後果只能大概推估。[4] 大部分的數據來自對日本長崎和廣島原子彈爆炸倖存者進行輻射檢查和治療期間的觀察，對工作與輻射相關的人員的觀察。由此可以大概算出，德國每年有 230 萬人死於癌症，其中約 3 ～ 4% 的成因與自然游離輻射相關。

同樣的，不管我們是否接受，都會自然而然地面臨這種風險，雖然非常低，但自然輻射劑量的多寡對於你決定自己要曝露在多少額外輻射劑量下來說，很有參考價值。

自製放射性

除了日本福島等可怕的核事故以外，人類還受到了嚴重的輻射傷害，尤其是當他們根本不知道自己其實曝露在增加的放射性輻射時。直到 19 世紀末，X 光和第一批放射性元素

---

4   Recommendations of the International Commission on Radiological Protection. ICRP Publication 60. International Commission on Radiation Protection, Oxford, England: Pergamon Press.

才被法國物理學家亨利・貝克勒（Henri Becquerel）、瑪麗・居禮（Maria Sk odowska-Curie）和皮耶・居禮（Pierre Curie）發現，但輻射傷害更早以前就出現了。

早在 16 世紀，著名的瑞士醫師帕拉塞爾蘇斯（Paracelsus）就描述了雪山病（Schneeberger Krankheit），這是一種主要影響礦工的特殊肺癌類型，礦工們開採各種礦石，其中就包含了鈾，只是當時還不為人所知。

輻射對我們有什麼影響？

游離輻射會殺死細胞嗎？其實大多不是直接殺死的。想反地，跟它的名字很相符，是將細胞中的水或其他成分離子化，讓其形成自由基（Free Radical），也就是帶電的片段，可以導致細胞發生很多種變化。在最壞且最不可能的情況下，兩條 DNA 鏈會都被切斷，並因此被破壞。如果細胞中沒有太多自由基，身體幾乎都能自我修復損傷，如果不成功，那麼細胞可能就無法再分裂，邁向死亡，不然就是會發生突變。而後面這個情況最可能出現腫瘤，位置會在體內細胞繁殖最

快的地方，例如，胃黏膜因輻射而罹患癌症的風險最大。

幸運的是，許多癌細胞其實很難從輻射中復原，醫師利用輻射來照射腫瘤時就是運用這一點，做法是對受影響的組織給予高劑量的輻射，讓健康細胞可以在一定程度上進行修復，但腫瘤細胞卻無法再進行修復。雖然這種方法可以殺死腫瘤，不過健康組織也會受到損害，但要以後才會變得明顯，癌症患者仍然能在這段爭取到的時間中，滿足的生活。

用來照射高能 X 光和生產高加速電子的特殊 X 光設備現在非常普遍，以前還使用放射性物質時，因為輻射要瞄準需要待在治療區夠久，當然也要特別小心處理這些輻射源，因為就算很久沒用，它們還是非常危險。

1987 年（當時鞋店裡的 X 光機一定都已經被拆掉了），巴西戈蘭尼亞市（Goiânia）有 2 名資源回收者聽說有價值不凡的設備被留在某家廢棄診所裡，他們到那裡尋找，果然找到一部廢棄的輻射設備，並且用簡單的工具就將其拆卸完成。他們帶走一個自認為有價值的金屬圓柱，利用獨輪推車把它運回家，放在花園的芒果樹下。

1、2 天後，他們兩人都開始不舒服，覺得噁心且非常虛弱。醫師診斷出他們是吃對變質的食物過敏。這兩個資源回

收者把金屬圓柱賣給了另一個廢料回收商朋友,他注意到圓柱中間發出「漂亮的藍光」,便用槌子和鐵撬撬開這個圓柱體,取出裡面那塊發光的石頭。他把金屬賣給另一位農夫和一家印刷行。這些人都沒有懷疑廢料回收商發現的是高放射性銫 137,這是一種用來治療腫瘤的 β 發射體。

　　幾天的時間內,這塊銫被毫無防備的傳遞、檢查和觸摸,還有個小女孩用發光的粉末摩擦手臂。所有碰過的人都生病或喪命,但直到某個被影響到的人的妻子懷疑是金屬圓柱的問題,事情已經過了 2 週。她和朋友一起帶著金屬圓柱去看醫師(他們搭公車去,圓柱只用單肩包裝著),金屬圓柱在醫師那裡放了一段時間,直到他決定諮詢熟悉放射線物質的同事,他們一起向有關當局發出警告,並及時趕回醫師家,阻止了消防隊將放射性圓柱丟到河裡。

　　這起事故給戈蘭尼亞市帶來很可怕的後果,有數百人遭到輻射汙染,多人喪命,直到今天這個地區還是可以測到輻射劑量在增加。

　　這就是放射性輻射的問題,它不允許發生任何錯誤。如果出錯,那麼後果就特別嚴重,特別是銫,不容許任何閃失,因為它的化學反應非常活躍,所以很容易與各種物質形成化

合物。就算在戈蘭尼亞市發現的放射性銫釋放的量相對少，但也汙染了 85 間房子，有幾處不得不拆除，總共產生了 3,500 立方公尺的放射性廢料，裝滿約 1,000 輛卡車。這些垃圾都需要安全儲存 180 年，要很長的時間它們釋放出的輻射才會變得很微弱，甚至可以說是無害。

　　原則上，放射性物質永遠不會停止輻射。以銫 137 原子為例，它並不穩定，這意味著它最後會衰變，可以用半衰期來表示這個機率有多大，銫 137 是 30.17 年，對銫原子來說，這就代表它會在 30.17 年內衰變為穩定無害的鋇 137 並發射電子的機率正好是 50%，但也許不是。然後，一切會重新開始。你自己也知道，玩十字戲 [5] 時，有時候得擲骰子很久才有辦法走一步。不是什麼事都有定律的，不過如果你想玩的話，還是必須要擲出 6 點才能走下一步，雖然可能要擲很多次骰子才會出現 6 點。

　　就我們裝滿銫 137 的金屬圓柱而言，這意味著 30.17 年

5　譯註：Mensch ärgere Dich nicht，德國桌遊，要擲骰子擲到出現 6 點，才能再擲下一次決定走幾步，如果沒擲到 6 點就不能動，換下一人擲骰子。

後，一半的銫已經衰變，但另一半仍然存在，又過了 30.17 年，原本的四分之一仍然存在，以此類推，銫 137 的比例會每 30.17 年就減半，這種物質只有在其輻射劑量減弱到自然放射性範圍內，才算無害。

對於放射性物質來說，30.17 年甚至不算特別長。碘 129 衰變前的半衰期為 1,700 萬年，這讓找個真的好的核廢料儲存地變得非常困難，現在正在找可以儲存核廢料 100 萬年的地方，這個時間真的是我們人類無法想像的。

就算放射性物質存在這些危險，但對某些領域來說，放射性物質還是不可或缺的，其中一個領域就是太空旅行。探索我們鄰近星球的火星探測器「毅力號」（Perseverance）就配備了放射性核種電池，這些電池是鈽衰變的電池，會產生很多熱能，然後用熱電偶轉化為電能，否則很難保證能長期供應能源。

然後是人類自願綁在腿上或手上的一點點游離輻射，以手錶為例，這是種含有弱放射性物質、緩慢衰變的時鐘，會產生 α 或 β 輻射，如此一來就會刺激另一種螢光物質，讓手表永遠亮著，只要手表有輻射，就算沒有電池，一開始也沒有關係。在大多數情況下，確實如此，但難題是所謂的制動

輻射（Bremsstrahlung）。當快速電子飛過原子核的時候，它們會非常強烈地偏轉，這樣會產生輻射，然後輻射逸出，集中戴著這支手錶的人。不過手錶中的這種制動輻射非常低，每年 0.02mSv，也就是你無論如何都會得到 1%，用「香蕉等效劑量」來計算，就是 200 根香蕉。

破壞日常生活的係數　●●●●○

提高工作效率的係數　●○○○○

致災潛力　　　　　　●●●●●

放射性物質真的會發光嗎？

認識動畫《辛普森家庭》（*The Simpsons*）在內糊核電站（Springfielder Kernkraftwerk）工作的主角荷馬・傑伊・辛普森（Homer Jay Simpson）的人都知道，放射性物質會發出亮綠色的光。遺憾的是，荷馬不太聰明，否則他就會知道那個綠光幾乎總是來自放射性發光塗料，這種顏色總會出現在一些手錶的表盤上（見前文），但其實核子反應爐裡根本沒有。

核子反應爐會發出藍光

漫畫中的英雄真正應該看到的，是充滿水的反應池裡的核燃料棒所發出的幽森藍光。的確如此，這是由所謂的契倫柯夫效應（Cherenkov Effect）產生的。當帶電粒子在非導電介質中的移動速度比光在相同介質中還快時，總是會出現這種情況。

例如在水中，光在這裡被水粒子反覆散射，所以它的整體傳播速度會比在真空中慢 25%。儘管如此，它的傳播速度

還是非常快，但是從核子反應爐逸出的電子速度更快，其實幾乎和眞空中的光一樣快，幾乎是每秒 30 萬公里。

當電子現在用這種瘋狂的速度穿過水時，它們會短暫地轉移水中的電荷。這種電荷轉移會產生朝所有方向傳播的微弱電磁輻射。這些電磁波結合後，形成錐形波前，將電子拉到後面去。這就是契倫柯夫輻射（Cherenkov Radiation）。

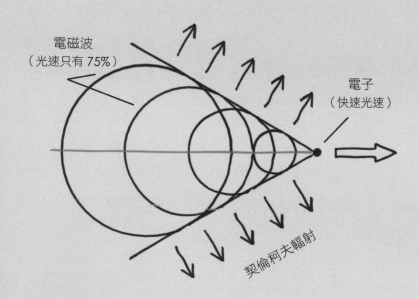

電磁波
（光速只有 75%）

電子
（快速光速）

契倫柯夫輻射

波前讓人有點想起鴨子或船的 V 形弓形波（Bow Wave），在輻射中，之所以會發出藍光是因爲較短的波長會比較長的波長表現得更加強烈。

同樣在前述戈蘭尼亞市核事故的案例中，目擊者聲稱放射性物質發出藍光，契倫柯夫效應可能也促成了這點，因爲當銫 137 衰變時，會產生快速電子。這種物質本身是透明的，光在其中傳播的速度比在眞空中慢了五分之二。

由於契倫柯夫光（Cherenkov Light）的傳播範圍非常廣，所以特別適合觀察稀有、非常高能的基本粒子。有個名爲「冰塊」（IceCube）的實驗將 5,160 個光感測器嵌進南極冰層深處，這種感測器可以探測宇宙中引起閃光的微中子（Neutrino），它們也是藍色的，不是綠色。

會開槍的蝦子
和沉沒的船隻

【空蝕現象】

空蝕現象如何擾亂海洋並在廚房派上用場

「勇敢號驅逐艦」（HMS Daring）應該是世界上最快的船艦，英國皇家海軍（Royal Navy）在驅逐艦上安裝了一個特大的螺旋槳和三個蒸氣鍋爐，在 1893 年的當時，這艘船艦的配備可是高科技，前方還裝載了一個大型的魚雷，可以立刻追擊敵人。但這一切都只是理論。

實際上，就算特大螺旋槳全力運轉，船艦也只是緩滿行駛，不管多努力加速，這艘超級巨輪只會在海上蝸行。工程師們找了很久，但都找不到原因，最後他們終於找到了船艦底下。那裡看起來就像個漩渦，有大量氣泡在螺旋槳周圍旋轉，工程師們對此感到很奇怪，船艦的螺旋槳是在水下，與空氣隔絕著，這些氣泡到底是從哪裡來的？

英國造船廠碰到了一種非常惱人但也很令人興奮的物理

現象，就是「空蝕現象」（Cavitation），這個詞來自拉丁語，意思是空隙、孔洞，而「勇敢號驅逐艦」本應是「世界上最快的船艦」，卻因此無法成真。

空蝕現象是每當物體在液體中快速滑動時，背後就會產生負壓力。你也許知道站在路邊離大卡車非常近的那種感覺（除了恐懼感以外），這是因為你被吸住了，原因是空氣在大卡車後面流動得非常快速，結果後面的空氣瞬間不夠用，而空氣較少的地方氣壓也小，此時的壓力較低，於是周圍的空氣就會很快地流入，彌補這裡的不足。

當你使用螺旋槳時，也會發生同樣的現象，只是流動的不是空氣，而是螺旋槳在切割的水。螺旋槳的葉片會產生強大的吸力，於是出現極快的水流，螺旋槳後面的壓力這時會下降，這就是奇怪的氣泡形成的原因，「勇敢號驅逐艦」的螺旋槳在水中拚命攪動，結果出現的這些氣泡是水蒸氣。沒錯，是沸騰的水冒出的那種水蒸氣！一開始這聽起來很令人難以置信，因為海裡的水當然是冷的。但是船艦螺旋槳後面的壓力已經明顯下降，而水沸騰的溫度取決於環境壓力。

地球上的正常氣壓是 1,013 毫巴（mbar），我們都知道在這個壓力下，水會在攝氏 100 度時沸騰。但如果我

們降低壓力，那麼沸騰的溫度也會下降。聖母峰（Mount Everest）上的氣壓只有 325 毫巴，而水的沸點就只有攝氏 70 度。有許多物理著作都討論過像是「為什麼不能在聖母峰上煮雞蛋」這類問題，原因正是雖然水看起來已經沸騰冒泡了，但其實溫度還不夠，所以不能煮。如果你想攀登聖母峰，最好從基地營帶上早餐，喝的不一定要帶，因為在那裡水的沸騰溫度還是足以泡綠茶。

你從藥房取得的注射器可以進行以下實驗，會觀察到這種結果。

材料：

- 一次性的注射器，最好壁面稍厚，而且注射出口有可以封閉的裝置
- 溫水

做法：

- 替注射器填充溫水，約裝滿三分之一。
- 將注射出口密封起來（如果沒有蓋子，就用黏土或手也可以）。

● 現在用力往外拉活塞芯杆，就像想將更多液體吸進注射器一樣。這樣會讓注射器內產生負壓力，於是水會開始沸騰。

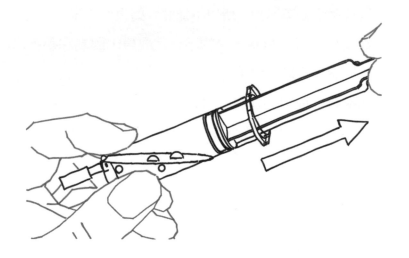

　　但我們前文所談的不是聖母峰，而是在大海中，在 1893 年「勇敢號驅逐艦」航行過的地方。那裡的壓力大嗎？如同所有潛水員所知道的那樣，海底深處存在著高壓，上方的水愈多，壓力就愈大。但船艦上的螺旋槳就在水面以下沒多遠的地方，那裡的壓力應該不是非常大，水的沸點應該相對較低，而且因為空蝕現象，某些地方的壓力甚至還下降，所以

螺旋槳後面的水就真的沸騰了，並形成了小小的水蒸氣氣泡，物理學家稱之為「空氣泡」（Cavitation Bubble）。

　　這些氣泡維持的時間當然不會很久，因為水會對其施加壓力，而且不僅這樣，因為空氣也從上方對海面施加壓力，所以這些氣泡其實在幾毫秒內就會出現內爆[1]，然後一切全都消失無蹤。當這麼小的圓形氣泡破裂時，旁邊的水和水流的所有力都會作用向一個單一的小點，也就是氣泡之前的中心點，結果會釋放出很大的力量。這是非常不尋常的事，在自然界很少發生。

　　當氣泡破裂時，會形成速度非常快的小水流，也就是所謂的微射流（Microjet），也許它們很小，但會以驚人的力量射向前方，你可以將這想像成無數的針頭。堅硬、鋒利的針頭會造成很大的傷害，因為它所給予的力量會集中在細小的尖端上。如果你戳的時間夠久，針也能輕易刺壞籃球、木板，甚至是金屬。大型船隻的螺絲在長期曝露於空蝕作用下，

1　譯註：是一種物體塌陷（或受到擠壓）至自身內部的過程，會將物質與能量集中而非擴散，通常是涉及內部（相對低）與外部（相對高）的壓力差，或內外受力不均，以至於物體結構向內塌陷。

通常都會看起來很破爛，金屬上都是缺口和凹痕，你其實可以想像它是被針嚴重戳刺過。

世界上聲音最大的動物

不過在船艦航行中最討人厭的東西，在動物世界裡卻很有用。有些動物會利用空蝕現象來捕抓獵物或抵禦攻擊者，鼓蝦（Pistol Shrimp）是最好的例子。這種 5 公分長的蝦科動物也被稱為手槍蝦，只因為牠會把敵人打倒。

牠可以用那對手槍螯發出比噴射機還大的聲音，大約是200 分貝，這讓牠成為世界上聲音最大的動物。小動物聽到會昏倒，較大的攻擊者也會迅速逃跑，就算是潛水艇的聲納設備也會被破壞。手槍蝦之所以能發出這麼大的聲音，是因為空蝕現象，牠會忽然用力合上手槍螯，朝攻擊者射出一股水流，這股水流後面會形成水蒸氣，並隨著一聲巨響而內爆。

有趣的是，手槍蝦可能根本就聽不到大爆炸的聲音。研究人員沒發現蝦子具有聽力器官，這點也許對瘋狂大爆炸會更好。

　　除此之外，手槍蝦不只會用螯產生轟雷聲，還會產生閃電，當空氣泡內爆時，會釋放很多能量，所以會出現「聲致發光」（Sonoluminescence）的現象，也就是當液體受到強烈壓力波動時，所發出的光效應。可惜的是，人類無法用肉眼看到閃電，但如果你可以利用相機超慢動作動態攝影的功能來拍攝手槍蝦，這樣就能看到聲致發光的現象。這看起來真的非常不可思議！發現這種效應的人非常高興，甚至將這效應稱為「蝦發光」（Shrimpoluminescence）[2]。

　　總而言之，手槍蝦是種非常迷人的動物，可以單獨替牠寫出一整本書，私底下牠也是很喜歡社交的，喜愛和小魚或海葵一起生活，也經常和帶條紋的蝦虎魚一同住在山洞裡。手槍蝦會整天待在洞裡，沒有敵人來襲時蝦虎魚會在洞口游來游去，但要是有章魚在附近游來游去，蝦虎魚就會飛快游回洞穴，並害怕發抖，然後就是手槍蝦表現的時候了，牠會衝出山洞，伸出螯砸向攻擊者。

2　Lohse, D., Schmitz, B. & Versluis, M. Snapping shrimp make flashing bubbles. Nature 413, 477–478 (2001).

如果牠在戰鬥中輸了，把螯弄斷了，牠只要修復自己就好了，另一邊的正常螯還是可以攻擊，而斷掉的螯會再重新長出來。

終於是世界上最快的船艦了

手槍蝦那麼強大的自癒力對「勇敢號驅逐艦」這種艦艇來說當然不可能有。1893 年，艦艇上的工程師不得不在這裡與有破壞力的空蝕作用鬥智，他們成功了！這艘艦艇沒有轉動很快的大螺旋槳了，而是幾個較小的螺旋槳，功率也稍小，這樣水流就沒有那麼快，空蝕現象也減少了。就這樣，這艘船艦最後能以 32 節的速度出海航行，在 19 世紀末，這個速度的確非常快，報紙終於稱它為「世界上最快的船艦」，工程師們對此感到很滿意。

後來，他們只改變了一件事，就是在船頭安裝了一個魚雷發射管，可以朝敵方艦艇射擊。但這後來被證明是不切實際的，因為「勇敢號驅逐艦」現在的速度超級快，根本已經有可能超過它自己魚雷的速度了。

　　這已經是一百多年前的事了，現在有許多巧妙的解決方法，可以保護船隻免受空蝕現象損壞。有些螺旋槳的設計會讓空氣從它的邊緣流出去，那些小氣泡的作用就會像阻尼器一樣，當水在螺旋槳後面流動過快且壓力過低時，氣泡就會膨脹，進而防止形成空氣泡。這個技術對軍艦也很有用，因為可以讓船艦變得更安靜，就如同我們從手槍蝦身上知道的那樣，氣泡破裂的聲音非常大，這樣會害船隻被敵人的聲納定位到。

利用空蝕作用烹飪更方便：讓物理替你工作

　　就算你不是軍艦上的士兵，也沒擁有一艘大船，你也可以利用空蝕現象，甚至從中獲得很多樂趣。例如，烹飪的時候。當我們在廚房裡想擰開泡菜罐頭、香腸罐頭或紫甘藍罐頭時，不論是出了手汗還是力氣不夠，反正就是打不開。對付這個情況，我們朋友的廚房裡有個很好用的工具，是某種可以抓住蓋子的鉗子，然後再利用槓桿作用擰開蓋子。

　　可惜的是，我們沒有這種鉗子，所以只能用茉蒂絲的奶

奶安妮（Anni）傳授的方法：把裝有泡菜的玻璃罐倒放在手上，然後用另一手的手掌大膽將玻璃瓶拍向地板，不過當然不是真的要拍到地板上。奶奶安妮和爺爺海因茲（Heinz）有各種滿水果和蔬菜的小花園，每年收成後，他們都會搬出裝滿櫻桃、甜菜根或南瓜的罐頭出來煮大餐，當奶奶在廚房準備餐點時，總是能聽到廚房傳出特有的斯斯聲，這是她拍擊玻璃罐底部後傳出的聲音，不久後，就會聽到蓋子終於可以擰開時的劈啪聲。

很多人都知道這個方法可行，但卻不知道原理是什麼。常見的假設是透過拍擊玻璃瓶，我們對玻璃施加了壓力，玻璃將壓力施加在醃漬液上，醃漬液又將壓力施加在蓋子上，於是真空狀態就被解除了。但專家（物理學家和家庭主婦）並不是很確定，所以曾有讀者向德國《時代週報》（Die Zeit）的編輯提出了這個問題，在該報很受歡迎的專欄「確定嗎？」（Stimmt's?）裡問道：「我認為這是個謠言，因為無法解除真空。但是如果有能力傑出的人可以給我一個解釋，我非常願意承認自己的錯誤。」

編輯們開始對此展開工作。先詢問了旋蓋和玻璃罐的製造商，他們立刻提供了三個解釋：1. 本來蓋子和瓶口黏在一

起，拍擊震動過後就鬆動了；2. 拍擊後醃黃瓜會壓在蓋子上，讓空氣從外面流進罐子裡；3. 拍擊釋放了泡菜醃漬液中的氧氣，進而降低了負壓力。

這些解釋聽起來都有道理，但全都是錯的。事實上，空蝕現象有助於鬆開開子，因為黃瓜浸漬液會出現爆裂的氣泡，就向手槍蝦遭到攻擊時一樣。肉眼看不到這個現象，所以我們對這進行了實驗，並用超慢動作動態攝影拍下來。

當我們拍上玻璃罐底部時，玻璃罐會以被拍到的速度向下移動一點，但黃瓜和浸漬液的動作比較慢，所以沒有立刻隨著玻璃瓶向下移動，而是在本來的地方停留片刻。你可以將這個狀況想像成用非常快的速度拉下桌布，而餐盤還留在桌上。

玻璃罐已經往下移動了，但液體還沒，這樣會在很短的時間內於蓋子那裡產生真空，液體會開始沸騰形成氣泡，並在幾毫秒內破裂，釋放出全部可能會讓船隻螺旋漿出現凹痕的力，這些力會對蓋子施壓，並將它稍微鬆開，我們會聽到咔噠聲和啵的一聲，然後就可以更輕鬆地擰開蓋子。

當玻璃罐裝的東西是有些液體時，這個方法屢屢有效。但我們無法用這個方法打開果醬罐，因為果醬太稠了，果醬

會牢牢黏在罐子底部。如果你想讓蘋果果凍出現空蝕現象，你得搖晃罐子，直到果凍完全散開，接著空蝕現象就會起作用，只是蘋果果凍看起來就不再美味。

這也是我們更想推薦你另一個更壯觀的實驗的原因，你可以利用空蝕現象移除瓶底。

移除瓶底的實驗

材料：

- 一個玻璃瓶（汽水、檸檬汽水、或啤酒的瓶子都可以），最好有瓶蓋
- 一些水
- 橡膠槌或一塊木頭（例如，原木）
- 一個桶子
- 保護你的工作手套
- 一點勇氣

做法：

　　將玻璃瓶裝滿水，幾近瓶口，然後放在桶子裡。一隻手（請戴上手套）握住瓶頸拿在桶子上方，另一隻手拿槌子，用力敲打瓶口頂部，這時瓶子的底部會破掉，水會流到桶子裡。如果沒有立刻成功，那就再試一次，就像我們第四章提到的濾茶器實驗一樣，總有一天會成功。

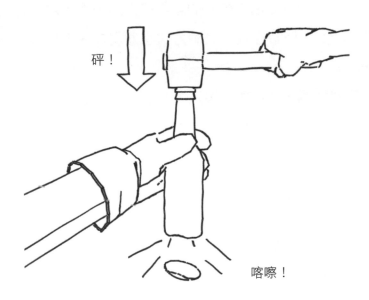

砰！

喀嚓！

在這個實驗裡，你會先看到的只有瓶子破了，但如果用高速攝影機拍攝，你會看到底部出現了幾個氣泡，接著在很短的時間內，這些氣泡就內爆，然後射到瓶底。想到手槍蝦了嗎？

網路上流傳著壯漢用這種方法敲裂瓶底的影片，人們常提出來的解釋，是敲打的力量很大給了額外的壓力，而瓶子裡的空氣會將增加的壓力傳入水中，所以瓶底就爆裂開了。這不正確，因為要把 3 公升的空氣壓進瓶子裡，才會有這種效果，但這很難以達成。這個方法也適用於使用拉環開啟的瓶子。

不過這個方法不適用裝滿汽水的玻璃瓶，它的瓶底不可能被敲破，礦泉水或檸檬汽水也不行。這些飲料中的二氧化碳會在這裡產生與阻尼器一樣的作用，它會膨脹並確保沒有十分強烈的壓力波動，而在沒有負壓力的地方，也不會有空氣泡出現。

然而，原則上只要有大量液體，就可能出現空蝕現象。人體中也是如此，因為我們的身體主要由水組成，當小氣泡在身體細胞裡爆炸時，身體細胞的表現就會不好，餐飲業正試圖利用這一點，推廣適合的膳食。醫師或美容師會建議使用超音波

掃描客戶不需要的細胞,例如大腿、胃部或臀部的脂肪細胞,
目的是要以受控制的方式使這些細胞爆裂,剩下的脂肪與水的
混合物會由淋巴系統送走,經由肝臟排出或利用。

我們還沒研究過這種做法的效果如何,但可以肯定的是
需要進行幾次療程,而且得為這個療程付出大約 1,000 歐元
(約新臺幣 3 萬元)。有專家指出,這種療法只對改變飲食、
按摩和運動有幫助,而這些方法就算沒有空蝕現象,也有助
於減肥。

更令人興奮的是,空蝕現象在治療醫學中的作用,它可
以替治療癌症提供真正的幫助。醫師會用高度聚焦的超音波
射向腫瘤,空氣泡會在組織中形成,內爆並切斷腫瘤的血液
供給。這個方法雖然相對較新,但正在進一步研究中,顯然
也已經獲得成功。有鑑於此,我們可以原諒空蝕現象對船隻
航行的侵擾,對吧?

破壞日常生活的係數	●●○○○
提高工作效率的係數	●●●●●
致災潛力	●●●○○

謝詞

撰寫一本書會讓你遇到「時間」這個令人興奮的物理課題，正如我們所知，時間是相對的，一開始寫書時，你似乎還有多到不可思議的時間，然後時間愈過愈快，直到截稿時間將屆，你真的得抓緊時間，但生活各個面向都缺乏時間。這就是我們要感謝 Jannik、Swantje、Josephina、和 Michel，他們給我們精神上的支持，不只輪流煮飯，還容忍我們在餐桌上討論物理話題。

非常感謝企鵝藍燈書屋（Penguin Random House）的經紀人 Peter Molden 和 Jessica Hein 的大力支持，感謝 Kanut Kirches 和 Stefan Heusler 的建設性和犀利的編輯。在科學方面，我們獲得 Svetlana Gutchank、Tobias Happe、Gerhard Heywang、Bernhard Niemann、和 Thomas Seidensticker 的大力幫忙。

　　我們被允許在非常特別的條件下撰寫這本書的一部分，在學校課程因為新冠肺炎封城改為線上上課的期間，我們待在可以看到瓦登海（Wattenmeer）的民宿「英賽爾之家」（Inselhaus）寫作。非常感謝 Margot 和 Joachim 讓這一切成為可能，沒有任何地方比孤獨的北海海灘更適合承受時間壓力。

國家圖書館出版品預行編目資料

神奇物理學：從重力到電流,日常中的科學現象原來是這麼回事!/馬庫斯.韋伯
(Marcus Weber), 茱蒂絲.韋伯(Judith Weber)著；許景理譯. -- 初版. -- 臺北市：
商周出版：英屬蓋曼群島商家庭傳媒股份有限公司城邦分公司發行, 2022.09
　面；　公分. -- (不分類；BO0338)
譯自：Phantastisch physikalisch
ISBN 978-626-318-414-5(平裝)

1.CST: 物理學

330　　　　　　　　　　　　　　　　　　　　　111013678

BO0338

神奇物理學：

從重力到電流，日常中的科學現象原來是這麼回事！

原　文　書　名／Phantastisch physikalisch
作　　　　　者／馬庫斯・韋伯 Marcus Weber、茱蒂絲・韋伯 Judith Weber
譯　　　　　者／許景理
審　　　訂　　者／齊祖康
責　任　編　輯／劉羽芩
版　　　　　權／吳亭儀、林易萱、顏慧儀
行　銷　業　務／周佑潔、林秀津、黃崇華、賴正祐、郭盈均

總　　編　　輯／陳美靜
總　　經　　理／彭之琬
事業群總經理／黃淑貞
發　　行　　人／何飛鵬
法　律　顧　問／台英國際商務法律事務所　羅明通律師
出　　　　　版／商周出版　臺北市 104 民生東路二段 141 號 9 樓
　　　　　　　　電話：(02) 2500-7008　傳真：(02) 2500-7759
　　　　　　　　E-mail: bwp.service @ cite.com.tw
發　　　　　行／英屬蓋曼群島商家庭傳媒股份有限公司　城邦分公司
　　　　　　　　臺北市 104 民生東路二段 141 號 2 樓
　　　　　　　　讀者服務專線：0800-020-299　24 小時傳真服務：(02) 2517-0999
　　　　　　　　讀者服務信箱 E-mail: cs@cite.com.tw
　　　　　　　　劃撥帳號：19833503　戶名：英屬蓋曼群島商家庭傳媒股份有限公司城邦分公司
訂　購　服　務／書虫股份有限公司客服專線：(02) 2500-7718；2500-7719
　　　　　　　　服務時間：週一至週五上午 09:30-12:00；下午 13:30-17:00
　　　　　　　　24 小時傳真專線：(02) 2500-1990；2500-1991
　　　　　　　　劃撥帳號：19863813　戶名：書虫股份有限公司
　　　　　　　　E-mail: service@readingclub.com.tw
香 港 發 行 所／城邦（香港）出版集團有限公司
　　　　　　　　香港灣仔駱克道 193 號東超商業中心 1 樓
　　　　　　　　E-mail: hkcite@biznetvigator.com　電話：(852) 2508-6231　傳真：(852) 2578-9337
馬 新 發 行 所／城邦（馬新）出版集團　Cite (M) Sdn. Bhd.
　　　　　　　　41, Jalan Radin Anum, Bandar Baru Sri Petaling, 57000 Kuala Lumpur, Malaysia.
　　　　　　　　電話：(603) 9057-8822　傳真：(603) 9057-6622　E-mail: cite@cite.com.my
封　面　設　計／萬勝安
美　術　編　輯／李京蓉
製　版　印　刷／韋懋實業有限公司
經　　銷　　商／聯合發行股份有限公司
　　　　　　　　新北市 231 新店區寶橋路 235 巷 6 弄 6 號 2 樓
　　　　　　　　電話：(02) 2917-8022　傳真：(02) 2911-0053

■2022 年 9 月 8 日初版 1 刷　　　　　　　　　　　　　　　Printed in Taiwan

Original title: Phantastisch physikalisch,
by Marcus Weber and Judith Weber
© 2021 by Heyne Verlag
a division of Penguin Random House Verlagsgruppe GmbH, München, Germany.
Complex Chinese Characters-language edition Copyright © 2022by Business Weekly Publications, a division of Cité
Publishing Ltd. arranged with Andrew Nurnberg Associates International Limited Agency.
All Rights Reserved

定價 380 元
ISBN:978-626-318-414-5（紙本）　ISBN:9786263184169（EPUB）
版權所有・翻印必究

城邦讀書花園
www.cite.com.tw

- -

請沿虛線對摺，謝謝！

書號：BO0338　　書名：神奇物理學：
從重力到電流，日常中的科學現象原來是這麼回事！　　編碼：

商周出版

讀者回函卡

感謝您購買我們出版的書籍！請費心填寫此回函卡，我們將不定期寄上城邦集團最新的出版訊息。

線上版讀者回函卡

姓名：＿＿＿＿＿＿＿＿＿＿＿＿＿＿＿＿＿＿＿＿＿＿ 性別：□男 □女

生日：西元＿＿＿＿＿＿年＿＿＿＿＿＿月＿＿＿＿＿＿日

地址：＿＿＿＿＿＿＿＿＿＿＿＿＿＿＿＿＿＿＿＿＿＿＿＿＿

聯絡電話：＿＿＿＿＿＿＿＿＿＿＿＿ 傳真：＿＿＿＿＿＿＿＿＿＿＿

E-mail ：

學歷：□ 1. 小學 □ 2. 國中 □ 3. 高中 □ 4. 大學 □ 5. 研究所以上

職業：□ 1. 學生 □ 2. 軍公教 □ 3. 服務 □ 4. 金融 □ 5. 製造 □ 6. 資訊

□ 7. 傳播 □ 8. 自由業 □ 9. 農漁牧 □ 10. 家管 □ 11. 退休

□ 12. 其他＿＿＿＿＿＿＿＿＿＿＿＿＿＿＿＿＿＿＿＿＿＿＿＿

您從何種方式得知本書消息？

□ 1. 書店 □ 2. 網路 □ 3. 報紙 □ 4. 雜誌 □ 5. 廣播 □ 6. 電視

□ 7. 親友推薦 □ 8. 其他＿＿＿＿＿＿＿＿＿＿＿＿＿＿＿＿

您通常以何種方式購書？

□ 1. 書店 □ 2. 網路 □ 3. 傳真訂購 □ 4. 郵局劃撥 □ 5. 其他＿＿＿＿＿

您喜歡閱讀那些類別的書籍？

□ 1. 財經商業 □ 2. 自然科學 □ 3. 歷史 □ 4. 法律 □ 5. 文學

□ 6. 休閒旅遊 □ 7. 小說 □ 8. 人物傳記 □ 9. 生活、勵志 □ 10. 其他

對我們的建議：＿＿＿＿＿＿＿＿＿＿＿＿＿＿＿＿＿＿＿＿＿＿

＿＿＿＿＿＿＿＿＿＿＿＿＿＿＿＿＿＿＿＿＿＿＿＿＿＿＿＿＿

＿＿＿＿＿＿＿＿＿＿＿＿＿＿＿＿＿＿＿＿＿＿＿＿＿＿＿＿＿